自然科技资源平台项目资助

兽医微生物菌种资源描述规范及技术规程

兽医微生物菌种资源标准化整理、整合及共享试点子项目组　编

（二）

CVCC

中国农业科学技术出版社

图书在版编目（CIP）数据

兽医微生物菌种资源描述规范及技术规程（二）./ 兽医微生物菌种资源标准化整理、整合及共享试点子项目组编 . —北京：中国农业科学技术出版社，2009.3
ISBN 978 - 7 - 80233 - 803 - 6

Ⅰ. 兽…　Ⅱ.《兽…　Ⅲ.①兽医学 - 微生物学 - 菌种 - 种质资源 - 描写 - 规范 - 中国
②兽医学 - 微生物学 - 菌种保藏 - 技术操作规程 - 中国　Ⅳ. S852.6 - 65

中国版本图书馆 CIP 数据核字（2009）第 031953 号

责任编辑　朱　绯
责任校对　贾晓红　康苗苗

出 版 者　中国农业科学技术出版社
　　　　　北京市中关村南大街 12 号　邮编：100081
电　　话　(010)82109704(发行部)(010)82106626(编辑室)
　　　　　(010)82109703(读者服务部)
传　　真　(010)82106626
网　　址　http://www.castp.cn
经 销 者　新华书店北京发行所
印 刷 者　北京科信印刷厂
开　　本　787 mm×1 092 mm　1/16
印　　张　13.5
字　　数　337 千字
版　　次　2009 年 3 月第 1 版　2009 年 3 月第 1 次印刷
定　　价　50.00 元

兽医微生物菌种资源描述规范及技术规程

主　　编：陈　敏

副 主 编：韩红玉　李一经　李明义　刘光远
　　　　　刘湘涛　孙建宏　张　强　赵　耘

编写人员：（以姓氏汉语拼音为序）

蔡雪辉　陈　涓　陈　敏　陈先国
戴志红　董　辉　葛俊伟　宫　晓
韩红玉　韩宗玺　何继军　胡井雷
黄　兵　姜连连　康孟佼　孔宪刚
李　健　李明义　李一经　刘光远
刘景利　刘胜旺　刘湘涛　刘新文
隋惠萍　孙建宏　唐丽杰　童光志
王　杰　王秋娟　王笑梅　魏凤祥
吴国华　谢　磊　薛青红　颜新敏
杨承槐　张从禄　张　强　赵其平
赵　耘　朱海霞

审　　校：郑　明

代　序

　　生物资源是人类赖以生存和发展的基础，众所周知，没有生物资源，科技创新和生物技术则是无水之源。微生物由于其遗传和功能的多样性，在维持整个生物圈及对人类提供的物质资源方面显示了其他生物无法取代和无可比拟的作用。微生物菌种资源的标准化整理、整合，具有长期性、系统性、不可间断性等特点，为此科技部将微生物菌种资源标准化整理和整合工作纳入自然科技资源共享平台建设。

　　微生物菌种资源的长期有效的保藏及共享交流，是发挥其重要作用的前提。国际上一直比较重视微生物菌种资源的保藏与共享交流。之前，我国微生物菌种资源在描述、整理、保存和利用中基础设施薄弱；资源保存分散；资源描述规范和数据标准混乱；缺乏有效的沟通渠道和机制；资源共享效率低等，这些问题亟需解决。

　　微生物菌种资源的标准化描述、整理、整合和共享，是一项长期性、基础性、公益性工作。现阶段的主要任务是制定统一的资源描述规范和标准，以现有资源为基础，进行标准化整理和整合。通过数据库和网络为载体，以机制为指导，建设微生物资源共享平台，逐步为实现微生物资源的信息和实物共享创造条件。

　　《规范》的制定是根据国家自然科技资源平台建设要求，立足于我国微生物菌种资源的保藏现状，紧密跟踪科学发展前沿，以微生物菌种资源整理、整合、共享和利用为主要目标，力求原则合理，内容翔实，适用范围明确，具有科学性、系统性、实用性和可扩充性。

　　每一个《规范》都规定了微生物菌种资源基本信息和性状描述的要求。《规范》适用于我国微生物菌种资源的收集、整理、保藏。为国家微生物资源平台建设提供了菌种资源信息整理、整合的依据，有利于提高微生物菌种资源的收集、保藏资源信息的标准化和规范化，为促进资源的高效共享和持续利用提供了条件。

刘　旭

2005.10

前　言

　　微生物菌种资源描述规范和微生物菌种资源检测技术规程是微生物资源平台建设的前提和重要保证。只有在实施统一的描述规范和检测技术规程的基础上，才能使分散保藏在各个单位的微生物菌种资源整理信息的标准化、规范化，实现数据化和网络化，才能真正建成微生物资源平台，更好地为菌种资源的收集、整理、保藏、评价、共享和利用研究服务。在 2007 年 12 月出版的《兽医微生物菌种资源描述规范及技术规程》的基础上，我们将 2006 年编写的与兽医微生物菌种资源相关的描述规范、检测技术规程和数据标准及质量控制规范整理后编制了《兽医微生物菌种资源描述规范及技术规程（二）》。

　　本书包括与兽医微生物菌种资源相关的描述规范、技术规程和数据标准及质量控制规范三个部分。描述规范部分包括：布鲁氏菌菌种资源描述规范、羊痘病毒资源描述规范、高致病性禽流感病毒资源样品采集描述规范和球虫虫种资源描述规范；技术规程部分包括：牛分枝杆菌资源检测技术规程、新城疫病毒资源分离鉴定技术规程、鸡传染性支气管炎病毒资源检测技术规程、猪繁殖与呼吸综合征病毒检测技术操作规程、猪传染性胃肠炎病毒资源分离鉴定技术规程、猪流行性腹泻病毒资源检测技术规程、羊痘病毒实验操作技术规程、鸡球虫保存与繁殖实验操作技术规程、球虫图像采集技术规程、弓形虫保存技术规程；数据标准及质量控制规范包括：口蹄疫病毒资源数据标准和口蹄疫病毒资源数据质量控制规范等 16 个，从微生物资源的收集、整理、保藏、评价、共享和利用研究的角度出发，规定了病毒、细菌、原虫等微生物菌种资源的描述要素、描述规范及检测技术规程，供兽医微生物菌种资源工作者使用。

　　本书是在自然科技资源平台总体思路的指导下编写的，在国家科技条件平台建设专项经费的资助下出版的。本书《规范》和《规程》的制定，得到了国内微生物领域特别是兽医微生物学领域 200 余位专家指导和帮助，在此一并致谢。

　　由于本书编写人员专业水平所限，加之兽医微生物类群丰富，遗传特性差别很大，因此，在制定的兽医微生物菌种资源描述规范中难免存在错误、遗漏，敬请读者不吝斧正。

编者

2008 年 8 月

目　　录

第一部分　描述规范

第二部分　技术规程

第三部分　数据标准及质量控制规范

第一部分

描 述 规 范

布鲁氏菌菌种资源描述规范

起草单位：中国动物卫生与流行病学中心

中国兽医药品监察所

前　言

　　布鲁氏菌属（*Brucella*）是一类革兰氏阴性的短小杆菌，牛、羊、猪等动物最易感染，引起母畜传染性流产。人类接触带菌动物或食用病畜及其乳制品，均可被感染。布鲁氏菌病广泛分布世界各地。我国部分地区曾有流行，现已基本控制。布鲁氏菌属分为羊、牛、猪、鼠、绵羊及犬布鲁氏菌 6 个种，20 个生物型。我国流行的主要是羊布鲁氏菌（*Br. melitensis*）、牛布鲁氏菌（*Br. Bovis*）、猪布鲁氏菌（*Br. suis*）3 种布鲁氏菌，其中以羊布鲁氏菌病最为多见。

　　布鲁氏菌菌种资源是微生物菌种资源的重要组成部分，与其他微生物菌种资源有着相似的描述内容。本规范是根据布鲁氏菌菌种资源的特点而制定，以实现布鲁氏菌菌种资源描述信息的规范化，有利于布鲁氏菌菌种资源的收集、保藏、鉴定、评价、研究和利用，有利于科学地整理菌种资源，促进菌种资源信息化，实现菌种资源的高效共享和可持续利用。

　　本规范主要起草单位：中国动物卫生与流行病学中心、中国兽医药品监察所。

　　本规范主要起草人：李明义、刘新文、宫晓、陈敏、王秋娟等。

目　次

布鲁氏菌菌种资源描述规范

1 范围
1.1 本规范规定了布鲁氏菌菌种资源的描述内容、描述要求。
1.2 本规范适用于布鲁氏菌菌种资源的收集、整理和保存，以及数据库和信息共享网络系统的建立。

2 规范性引用文件
2.1 下列文件中的条款通过本标准的引用而成为本标准的条款。凡是注日期的引用文件，其随后所有的修改单（不包括勘误的内容）或修订版均不适用于本标准。然而，鼓励根据本标准达成协议的各方，研究是否可使用这些文件的最新版本。凡是不注日期的引用文件，其最新版本适用于本标准。
2.2 GB 19489—2004 实验室生物安全通用要求。
2.3 GB 6682—92 分析实验室用水规格和试验方法。
2.4 GB16568—1996 奶牛场卫生及检疫规范。
2.5 农业部（1989） 布鲁氏菌防治手册。
2.6 GB16548—1996 畜禽病害肉尸及其产品无害化处理规程。

3 术语、定义、符号、缩写语
下列术语、定义、缩略语和符号适用于本规程。
3.1 布鲁氏菌（*Brucella*）
布鲁氏菌是革兰氏阴性兼性细胞内寄生菌，能引起多种家畜的流产、不育，引起人的以发热和不育为特征的布鲁氏菌病，给畜牧业发展和人的健康造成极大危害。
3.2 布鲁氏菌菌种资源（*Brucella culture collections*）
是指经妥善保藏管理的布鲁氏菌菌种实物及其相关信息。

4 描述要求
4.1 描述要求
对菌株的描述条款应明确而无歧义，并且：
——描述内容应清楚、准确，力求完整；
——要充分考虑该菌株的最新研究进展；
——能被微生物专业人员理解。
4.2 描述要素
描述要素分为 2 类：
——M 为必备要素，必须描述的要素；

——O 为可选要素，其描述与否视具体菌株而定。

5 描述内容

5.1 资源基本信息

5.1.1 拉丁学名（M）

应指明该菌株的完整的科学名称。对于鉴定到属，未鉴定到种的菌株，种名以"属名 sp."表示。

5.1.2 中文名称（M）

应指明该菌株的中文名称（如有别名，可在括号中注明）。尚无中文译名时，填写"暂无"。

5.1.3 资源归类编码（M）

应指明该菌株的资源归类编码，参见《自然科技资源共性描述规范》。

5.1.4 菌株保藏编号（M）

应指明该菌株在专业保藏机构的保藏编号，保藏编号由前缀和菌株编号两部分组成。前缀为保藏机构英文名称的缩写，前缀和菌株编号之间应留空格。

5.1.5 其他保藏机构编号（O）

宜指明该菌株在其他菌种保藏机构的菌株保藏编号。每个其他保藏机构的编号均由" = "开头，如编号不止一个时，中间也用" = "连接。

5.1.6 来源历史（M）

应指明得到该菌株的途径。如菌株转移经过多个保藏机构，则保藏机构之间用一个左指向的箭头"←"连接。

5.1.7 分离人（M）

应指明该菌株最初分离人的姓名。

5.1.8 分离时间（M）

应指明该菌株的分离时间。格式为 YYYYMMDD，其中 YYYY 为年，MM 为月，DD 为日。

5.1.9 原始编号（M）

应指明该菌株最初分离编号。

5.1.10 鉴定人（O）

宜指明该菌株的鉴定人。

5.1.11 鉴定人所在单位（O）

宜指明该菌株的鉴定人所在单位。

5.1.12 收藏时间（O）

宜指明保藏机构收集、保存该菌株的时间。格式为 YYYYMMDD，其中 YYYY 为年，MM 为月，DD 为日。

5.1.13 原产国或地区（M）

应指明该菌株分离基物采集地所在国家、地区名称。

5.1.14 分离基物（O）

宜指明具体的分离基物名称。

5.1.15　采集地生境（O）

宜描述该菌株分离基物采集具体地点的生态环境，参照《微生物菌种资源采集环境描述规范》。

5.1.16　生物危害等级（M）

应指明该菌株的生物危害等级归类，参照《病原微生物实验室生物安全管理条例》。

5.1.17　培养基（M）

适合布鲁氏菌生长的营养物质的名称及统一编号。应参照《中国菌种目录》指明该菌株的培养基编号，如《中国菌种目录》没有收录该培养基，应给出配方及制作方法。

5.1.18　培养条件（M）

指适宜布鲁氏菌菌株生长的温度（以℃表示）、相对湿度和其他条件。

5.1.19　培养时间

布鲁氏菌在特定培养条件下，生长至成熟（稳定）所需要的时间，以 h 表示。

5.1.20　模式菌株（M）

是模式菌株应予指明。

5.1.21　分类地位（M）

应指明每个菌株的界、门、纲、目、科、属、种、亚种等。

5.2　特征特性信息

5.2.1　形态特征（M）

5.2.1.1　菌落形态

应指明菌落大小、颜色、形状、表面状况以及其他显著特征，并指明描述菌落形态所用培养基的名称或配方、培养条件。

5.2.1.2　细胞特征

细胞的显著特征：

——革兰氏染色特征，应指明培养时间；

——细胞的大小，以"宽×长"表示，单位为 μm；

——细胞的形状及排列方式；

——鞭毛特征。

5.2.2　培养特性

应描述细菌在血琼脂平板上是否出现溶血，溶血的类型，在液体培养中是否呈均匀混浊生长等。

5.2.3　生理生化特征（M）

普通生理生化特征

应描述该菌株的生化反应有：是否分解葡萄糖或其他糖类，是否产酸，是否产气；是否还原硝酸盐、靛基质产生试验、甲基红试验、VP 试验和枸橼酸盐试验、氧化酶、触酶、赖氨酸脱羧酶、精氨酸双水解酶、鸟氨酸脱羧酶、硫化氢产生、尿素分解、苯丙氨酸和动力试验，DNA 水解酶（25℃）、明胶水解（22℃）、脂酶水解及 ONPG（半乳糖苷酶试验）试验结果。

5.2.4　快速细菌鉴定系统结果（O）

应给出快速布鲁氏菌鉴定系统结果。

5.2.5　表面抗原分型（M）

应描述布鲁氏菌抗原分型基础、方法和抗原分型结果。主要血清学分型基础是耐热的菌体（O）抗原、不耐热的鞭毛（H）抗原和荚膜（K）抗原 3 种。

5.2.6 基因型信息（O）

5.2.6.1 G + C mol%

宜描述该菌株 DNA 的 G + C mol% 含量，并描述分析所用的方法。

5.2.6.2 16S rDNA 序列

宜描述布鲁氏菌 16S rDNA 的测序结果，提供在 GenBank/EMBL/DDBJ 中的序列注册号。

5.2.7 生物学特性（O）

5.2.7.1 感染致病性或毒性

宜描述该菌株对人或动物的感染性或致病性，其侵袭力和毒力。

5.2.7.2 致病机制及传播途径

宜描述该菌株的致病机制以及传播途径。

5.2.7.3 流行季节

宜描述该菌株所致疾病与季节的关系。

5.2.7.4 地理分布

宜描述该菌株所致疾病的地理分布。

5.2.7.5 组织嗜性

宜描述该菌株的主要易感组织和主要易感细胞。

5.2.7.6 对宿主致病的病理变化

宜描述该菌株对宿主致病的病理变化情况。

5.2.7.7 对热的抵抗力

宜描述该菌株对温度的耐受程度。

5.2.7.8 消毒剂的敏感性

宜描述该菌株对消毒剂敏感的种类及敏感程度。

5.2.7.9 对抗生素的敏感性

宜描述该菌株对抗生素敏感的种类及敏感程度。

5.2.7.10 免疫保护性

宜描述宿主针对布鲁氏菌的细胞免疫或体液免疫及其保护作用。

5.2.7.11 功能特性

宜描述布鲁氏菌菌种的主要用途。包括分类学、分析检测、经济、环保、医学、研究、教学等用途。

5.2.8 其他信息

5.2.8.1 保藏方法（M）

保存布鲁氏菌菌种资源采用的技术方法。包括液氮超低温冻结、-80℃冰箱冻结、真空冷冻干燥、石蜡油斜面、斜面及其他等。

5.2.8.2 显微图片（M）

布鲁氏菌的显微图片。

5.2.8.3 参考文献（O）

布鲁氏菌菌种资源相关的资料信息，包括书籍、期刊、学术报告及其他。

附表

国家自然科技资源平台布鲁氏菌菌种资源描述表

填表日期：　　　年　　月　　　日

<table>
<tr><td colspan="4" align="center">基本信息</td></tr>
<tr><td>学名</td><td></td><td>中文名称</td><td></td></tr>
<tr><td>资源归类编码</td><td></td><td>菌株保藏编号</td><td></td></tr>
<tr><td>其他保藏机构编号</td><td></td><td>来源历史</td><td></td></tr>
<tr><td>分离人</td><td></td><td>分离时间</td><td></td></tr>
<tr><td>原始编号</td><td></td><td>鉴定人</td><td></td></tr>
<tr><td>鉴定人所在单位</td><td></td><td>收藏时间</td><td></td></tr>
<tr><td>原产国或地区</td><td></td><td>采集地区</td><td></td></tr>
<tr><td>分离基物</td><td></td><td>采集地生境</td><td></td></tr>
<tr><td>生物危害等级</td><td></td><td>培养基</td><td></td></tr>
<tr><td>模式菌株</td><td></td><td>分类地位</td><td></td></tr>
</table>

<table>
<tr><td colspan="6" align="center">特征特性信息</td></tr>
<tr><td rowspan="17">表型信息</td><td rowspan="8">个体形态特征</td><td>形状、大小、排列</td><td></td><td rowspan="3">培养特征</td><td>菌落形态、大小、质地、颜色等</td><td></td></tr>
<tr><td>运动性、鞭毛</td><td></td><td>液体培养情况</td><td></td></tr>
<tr><td>芽孢、荚膜</td><td></td><td>半固体琼脂培养基中的穿刺生长情况</td><td></td></tr>
<tr><td>革兰氏染色反应</td><td></td><td>明胶穿刺培养情况</td><td></td></tr>
<tr><td>细胞内含物及贮存物</td><td></td><td>荧光色素的产生</td><td></td></tr>
<tr><td>繁殖方式</td><td></td><td rowspan="3">其他培养特征</td><td></td></tr>
<tr><td>抗酸染色</td><td></td></tr>
<tr><td>其他形态特征</td><td></td></tr>
<tr><td rowspan="6">生理生化特性</td><td>营养类型</td><td></td><td>各种代谢反应如：糖、醇的发酵，牛奶反应等</td><td></td></tr>
<tr><td>氧的需求，对光照的需求</td><td></td><td>各种酶反应如：接触酶、氧化酶等</td><td></td></tr>
<tr><td>对温度、pH 值的需求及耐受性</td><td></td><td>对抗生素的敏感性</td><td></td></tr>
<tr><td>对盐的耐受性</td><td></td><td>固氮能力</td><td></td></tr>
<tr><td>对生长因子及其他营养的需求</td><td></td><td>免疫特征</td><td></td></tr>
<tr><td>利用各种碳源、氮源及其他化合物的能力</td><td></td><td>血清反应</td><td></td></tr>
<tr><td rowspan="5">其他生理生化特征</td><td>抗原分型方法</td><td></td><td>感染致病性或毒性</td><td></td></tr>
<tr><td>抗原分型结果</td><td></td><td>传播途径</td><td></td></tr>
<tr><td>致病与季节关系</td><td></td><td>传播方式</td><td></td></tr>
<tr><td>组织嗜性</td><td></td><td>所致疾病地理分布</td><td></td></tr>
<tr><td>宿主致病病理变化</td><td></td><td>对消毒剂的敏感性</td><td></td></tr>
</table>

续表

		特征特性信息			
表型信息	细胞成分化学特征	细胞脂肪酸		细胞壁氨基酸	
		醌		细胞壁糖型	
		枝菌酸		磷酸类脂	
基因型信息		DNA 碱基组成（G + C mol%）		16S rRNA 基因序列（GenBank 注册号）	

其他描述信息

图像信息		保藏方法	

参考文献

［1］鄂永昌译. 生物学辞典. 北京：科学出版社，1997

［2］王祖农. 微生物学词典. 北京：科学出版社，1990

［3］杨苏生. 细菌分类学. 北京：中国农业大学出版社，1997

［4］齐景文. 布鲁氏菌病概述. 中国兽医杂志，2004，40（9）：50～53

［5］孟成艳，金嘉琳，阮斐怡等. 布鲁氏杆菌分子亚型分析方法的建立与应用研究. 国际流行病学传染病学杂志，2006，10（5）：296～300

［6］Marguerite Clyne M, Paul Dillon P, Stephen Daly S, *et al.* Helicobacter pylori interacts with the human single-domain trefoil protein TFF1. Proc Natl Acad Sci USA, 2004, 101 (19): 7 409～7 414.

［7］Jafar Mahdavi J, Berit Sonden B, Thomas Boren T, *et al.* Helicobacter pylori SebA Adhesin in Persistent Infection and Chronic Inflammation. Science, 2002, 297 (5 581): 573～578

［8］DelVecehio VG, Kapatral V, Elzer P, *et al.* The genome of *Brucella* melitensis. Vet Microbiol, 2002, 90 (1-4): 587～592

［9］C Clavareau, V Wellemans, K Walravens, *et al.* Phenotypic and molecular characterization of a Brucella strain isolated from aminke whale (Balaenoptera acutorostrata). Microbiology, Dec 1998, 144: 3 267

［10］G G Schurig, A T Pringle, and S S Breese, Jr. Localization of brucella antigens that elicit a humoral immune response in Brucella abortus-infected cells. Infect. Immun. , Dec 1981, 34: 1 000～1 007

［11］Yongqun He, Sherry Reichow, Sheela Ramamoorthy, *et al.* Brucella melitensis Triggers Time-Dependent Modulation of Apoptosis and Down-Regulation of Mitochondrion-Associated Gene Expression in Mouse Macrophages. Infect. Immun. , Sep 2006, 74: 5 035～5 046

［12］Jinkyung Ko, Annette Gendron-Fitzpatrick and Thomas A. Ficht. . Virulence Criteria for Brucella abortus Strains as Determined by Interferon Regulatory Factor 1-Deficient Mice. Infect. Immun. , Dec 2002, 70: 7 004～7 012

［13］Bricker BJ, Ewait DR. . Evaluation of the HOOF-Print assay for typing brucella abortus strains isolated from cattle in the United States: results with four performance criteria. BMC Microbio 1, 2005, 5: 37

[14] Le Fleche P, Fabre M, Denoeud F, *et al.* Hi resolution, on-line identification of strains from the mycobacterium tuberculosis complex based on tandem repeat typing. BMC Microbiol, 2002, 2 (1): 37

山羊痘病毒资源描述规范

起草单位：中国兽医药品监察所

前　言

山羊痘病毒（Goatpox Virus），是山羊痘的病原体，属于痘病毒科羊痘病毒属。山羊痘病毒为有囊膜双股 DNA 病毒，在细胞浆中复制的，呈椭圆形，大小为 167nm×292nm。呈原生小体形式，在痘疹部位的上皮细胞内大量繁殖，并在胞浆内产生包涵体。

山羊痘最早的记载见于公元前 200 年，现在主要分布于非洲、西南亚及中东的一些国家及地区。目前，我国部分地区也呈地方性流行。山羊痘的潜伏期为 21d，主要以体温升高、全身性丘疹或结节、内脏病变（特别是肺）为特征。诊断方法有病毒分离、血清中和试验、琼扩试验、间接荧光抗体试验、ELISA 等。

国际兽疫局（OIE）将山羊痘列为 A 类传染病，我国也将其列为一类动物传染病。本病现已引起世界各国的高度重视，有本病的国家和地区其易感动物及其相关产品被列为严格限制进出口的对象。

制定本规范是为了规范山羊痘病毒资源的描述，便于山羊痘病毒资源的收集、保藏、鉴定、评价和研究，有效整理山羊痘病毒资源，促进山羊痘病毒资源信息化，实现资源的高效共享，并为有效控制山羊痘病毒的危害奠定基础。

本规范是依据《自然科技资源收集整理保存技术规程编写导则》制定。

本规范是依据 GB/T1.1—2000《标准化工作导则第 1 部分：标准的结构和编写规则》制定。

本规范由国家科学技术部农村与社会发展司提出。

本规范起草单位：中国兽医药品监察所。

本规范主要起草人：陈先国、杨承槐、陈敏等。

目 次

山羊痘病毒资源描述规范

1 范围

本规范规定了山羊痘病毒资源的描述要素和描述规范。

本规范适用于山羊痘病毒资源的收集、整理、保藏，以及数据库和信息共享网络系统的建立。

2 规范性引用文件

下列文件中的条款通过本标准的引用而成为本标准的条款。凡是注日期的引用文件，其随后所有的修改单（不包括勘误的内容）或修订版均不适用于本标准。然而，根据本标准达成协议的各方，研究是否可使用这些文件的最新版本。凡是不注日期的引用文件，其最新版本适用于本标准。

GB 19489—2004　实验室生物安全通用要求；

国务院令第424号　病原微生物实验室生物安全管理条例；

科技部自然科技资源平台联合管理办公室文件《自然科技资源共性描述规范》。

3 术语和定义

下列术语和定义适用于本规范。

3.1　牛病毒性腹泻/黏膜病病毒（bovine viral diarrhea-mucosal disease virus，BVDV）

3.2　致细胞病变效应（Cytopathic effect，CPE）

3.3　无特定病原体（specific pathogen-free，SPF）

3.4　5'非翻译区（5'-non-translated region，5'-NTR）

3.5　3'非翻译区（3'-non-translated region，3'-NTR）

3.6　山羊痘病毒（Goatpox virus）

山羊痘病毒是山羊痘的病原体，为痘病毒科（Poxviridae）脊索动物痘病毒亚科（Chordopoxvirinae）羊痘病毒属（Capripoxvirus）成员，与之同属的病毒还有绵羊痘病毒（Sheeppox virus）和疙瘩皮肤病病毒（Lumpy skin disease virus）。山羊痘病毒呈原生小体形式，在痘疹部位的上皮细胞内大量繁殖，并在胞浆内产生包涵体，病毒粒子由1个核心、2个侧体和2层脂质外膜组成，病毒长194~200nm。

3.7　山羊痘（Goat pox）

山羊痘是绵羊和山羊的病毒性疾病，由山羊痘病毒引起，特征为发热、全身性丘疹或结节、水疱（少数），肺表面或切面有白色结节病灶，肺门淋巴结肿胀，切面多汁。羊痘病毒属所有毒株均能感染绵羊和山羊，可引起严重的临床症状，有些分离株对绵羊和山羊的致病性相同。OIE将山羊痘列为A类法定传染病之一，我国将其列为一类传染病。

4　要求

4.1　描述要求

—— 描述内容应清楚、准确，力求完整；

—— 要充分考虑该毒株的最新研究进展；

—— 能被微生物学及相关专业的技术人员理解。

4.2　描述要素

描述要素分为 2 类：

—— M 为必备要素，必须描述的要素；

—— O 为可选要素，其描述与否视具体毒株而定。

5　描述内容

5.1　基本信息

5.1.1　学名（M）

中文名称：山羊痘病毒；

英文名称：Goatpox Virus。

5.1.2　毒株名称（M）

5.1.2.1　毒株中文名称

毒株中文名称定义参考标准：

（1）毒株命名原则

参考《动物病毒学》（第二版）（殷震，刘景华主编）。

（2）分离毒株命名方法

分离地点 – 分离年代 – 分离序号

其中：分离地点为省、直辖市、自治区简称；

分离年代应写全；

如同一分离地点多次分离，按时间先后加写分离序号（阿拉伯数字）。

（3）毒株中文命名举例

如果是 2005 年从山西省分离得到一株病毒，经鉴定为山羊痘病毒，则该毒株命名如下：GPV-山西-2005。

5.1.2.2　毒株英文名称

（1）中文名称翻译为英文名称的原则

按照中文先后顺序依次翻译，以英文简写为主，若有可能产生歧义，则写英文全称；其中分离地点是中文的用汉语拼音；

（2）尚无英文名称时，填写"暂无"；

（3）若是引进国外毒株，则保留原英文名称，不翻译，在英文名称后加"株"。

（4）毒株英文命名举例，"GPV – 山西 – 2005"翻译为"GPV-ShanXi-2005"。

5.1.3　资源归类编码（M）

应指明该毒株的资源归类编码，参见《自然科技资源共性描述规范》。

5.1.4　毒株保藏编号（M）

应指明该毒株在专业保藏机构的保藏编号，保藏编号由前缀和毒株编号两部分组成。

前缀为保藏机构英文名称的缩写，前缀和毒株编号之间应留空格。

5.1.5 其他保藏机构编号（O）

宜指明该毒株在其他菌种保藏机构的毒株保藏编号。每个其他保藏机构的编号均由"＝"开头，如编号不止一个时，中间也用"＝"连接。

5.1.6 来源历史（M）

应指明得到该毒株的途径。如毒株转移经过多个保藏机构，则保藏机构之间用一个左指向的箭头"←"连接。

5.1.7 分离人（M）

应指明该毒株最初分离人的姓名。

5.1.8 分离时间（M）

应指明该毒株的分离时间。格式为 YYYYMMDD，其中 YYYY 为年，MM 为月，DD 为日。

5.1.9 原始编号（M）

应指明该毒株最初分离编号。

5.1.10 鉴定人（O）

宜指明该毒株的鉴定人。

5.1.11 鉴定人所在单位（O）

宜指明该毒株的鉴定人所在单位。

5.1.12 收藏时间（O）

宜指明保藏机构收集、保存该毒株的时间。格式为 YYYYMMDD，其中 YYYY 为年，MM 为月，DD 为日。

5.1.13 原产国或地区（M）

应指明该毒株分离基物采集地所在国家或地区名称。

5.1.14 采集地区（O）

宜指明该毒株的采集地行政区划，具体到县。

5.1.15 分离基物（O）

宜指明具体的分离基物名称。

5.1.16 采集地生境（O）

宜描述该毒株分离基物采集具体地点的生态环境，参照《微生物菌种资源采集环境描述规范》。

5.1.17 生物危害等级（M）

应指明该毒株的生物危害等级，归类参照《病原微生物实验室生物安全管理条例》。

5.1.18 参考毒株（M）

应指明是否为参考毒株，如果是参考毒株，标明"是"，反之则标明"否"。

5.1.19 参考文献（O）

宜指明与该山羊痘病毒毒株相关的主要资料信息，包括书籍、期刊、学术报告及其他。

5.1.20 外源病毒检验（M）

应指明该山羊痘病毒是否经过外源病毒的荧光抗体检测法和细胞病变法的检测，并且指明检测结果即有无主要外源病毒（见附录1）。

外源病毒主要包括牛病毒性腹泻/黏膜病病毒（BVDV）、猪细小病毒（PPV）、狂犬病病毒（RV）和伪狂犬病病毒（PRV）等。

5.2 形态学特征

5.2.1 病毒形状（M）

呈椭圆形（或卵圆形）。

5.2.2 纤突（O）

无纤突。

5.2.3 囊膜特性（M）

具有脂蛋白囊膜。

5.2.4 核衣壳对称性（O）

无。

5.2.5 病毒的大小（M）

大小直径 140~210nm。

5.3 培养特性

5.3.1 增殖细胞（M）

山羊痘病毒在牛、绵羊、山羊源的组织培养细胞上生长，山羊和绵羊羔的睾丸、肾原代细胞上生长、繁殖并产生 CPE。

5.3.2 培养条件（M）

宜注明增殖该病毒所用的细胞和培养基的具体信息，包括所用细胞的具体名称、培养基的组成等。

5.3.3 培养及保存（O）

宜注明增殖该株病毒所需要的细胞名称及状态、培养时间、培养温度、培养条件、收获病毒时机的确定方法、保存病毒的方法及温度要求。

5.3.4 CPE（O）

宜注明光学显微镜下的观察结果即是否有细胞病变（CPE），并且指出显微镜观察的放大倍数（放大倍数＝目镜的放大倍数×物镜的放大倍数）及所用细胞的名称。

5.3.5 其他特性（O）

若该株山羊痘病毒还存在其他培养特性，请加以阿拉伯小写数字序号依次说明，说明文字应精练易懂，无歧义。

5.4 理化特性

5.4.1 分子量（O）

视具体毒株而定，中文单位是道尔顿，英文单位简写是"Da"。

5.4.2 浮密度（O）

浮密度的测量包括两种方法：在蔗糖密度梯度中的浮密度和在氯化铯密度梯度中的浮密度，两者均可，但宜注明具体测量采取哪一种方法及测量的结果，单位是克每毫升（g/ml）。

5.4.3 沉降系数（O）

宜指明病毒颗粒20℃时在水中的沉降系数 S_{20}，单位用 S，即 Svedberg 单位，为 1×10^{13} 秒。

5.4.4　等电点（O）

宜指明等电点的 pH 值即 pI。

5.4.5　对酸碱的稳定性（O）

宜由在一定的时间内病毒滴度的变化来表现，分为最稳定、稳定和不稳定（或者不耐受）三种状态；请注明具体酸碱度值，如果是在一定的酸碱度范围内，则用"～"表示。

5.4.6　对热的稳定性（O）

宜指明山羊痘病毒灭活（或丧失致病力）的温度和所用的时间，其中温度的单位是摄氏度（℃），时间的单位是分钟（min）、小时（h）、天（d）或年（a）。

5.4.7　对两价离子的稳定性（O）

宜指明两价离子的种类，一般包括镁离子（Mg^{2+}）和锰离子（Mn^{2+}），其他二价离子请注明，包括中文名称和英文名称；请注明该病毒在何种条件下可以失去感染性，包括具体溶质和所需要的温度、时间。

5.4.8　对脂溶剂的稳定性（O）

所需试验的脂溶剂一般包括丙酮、乙醚、氯仿、去氧胆酸盐、诺乃洗涤剂 P40 和皂素等一类去污剂；请指明所用脂溶剂的名称及灭活条件。

5.4.9　对消毒剂的稳定性（O）

宜指明消毒剂的名称、浓度、灭活作用的时间。

5.4.10　对辐射的稳定性（O）

宜指明该株病毒经电离辐射（主要指 γ 射线和 X 射线）和非电离辐射（主要指紫外线）是否可以使其灭活，以及若经非电离辐射后再经可见光照射是否可以使其复活。

5.4.11　凝集红细胞特性（O）

羊痘病毒无血凝素蛋白，因此，不能凝集鸡的红细胞。

5.4.12　是否形成结晶（O）

山羊痘病毒颗粒难形成结晶。

5.4.13　提纯方法（O）

宜注明提纯该株病毒的提纯方法，包括物理方法、化学方法或生物学方法。

5.5　蛋白质结构与功能（O）

蛋白质结构主要指出一级结构的特点（附表4），若试验条件允许，请注明该蛋白二级结构和三级结构的特点。

蛋白质功能宜考虑到最新研究进展。

若无该项信息或信息不确定，请填写"不详"。

5.5.1　结构蛋白。

5.5.2　非结构蛋白。

5.6　遗传信息

5.6.1　核酸类型

DNA。

5.6.2　核苷酸序列（O）

宜注明是"全长序列"或者"部分序列"。

若为部分序列，请指明该段序列在全长基因组片段中的位置和属于开放阅读框中的基因片段名称，若暂时无该项信息，请说明"无具体信息"。

5.6.3 基因组大小（O）

基因组的碱基对数目，以 kb 表示。

约150kb。

5.6.4 基因组结构（O）

从5′端到3′端，依次排列：倒置末端重复序列，中间编码区，倒置末端重复序列；末端具有发夹结构。

5.6.5 碱基链数目（O）

双股。

5.6.6 碱基链存在方式（O）

线状。

5.6.7 碱基链性质（O）

双义。

5.6.8 基因组连续性（O）

不分节段。

5.6.9 开放阅读框的数目（O）

至少147个。

5.7 生物学特性

5.7.1 自然宿主（M）

山羊。

5.7.2 贮存宿主（O）

5.7.3 流行季节（O）

5.7.4 传播方式（O）

健康羊因接触病羊或污染的厩舍和用具而感染，昆虫也可机械传播。

5.7.5 传染源（M）

病羊或污染的厩舍和用具，昆虫。包括主要传染途径及传染的媒介。

5.7.6 地理分布（O）

宜注明该株山羊痘病毒已发生的国内地理分布和世界地理分布，包括发生国全称，并且具体到该国所属下一级行政区域名称。

5.7.7 组织嗜性（O）

宜注明该株山羊痘病毒的最初感染器官及主要侵入的淋巴组织名称。

5.7.8 对宿主致病的临床症状（O）

5.7.8.1 自然感染潜伏期（O）

潜伏期5～14d。

5.7.8.2 临床症状

宜重点注明体温变化，皮肤是否发绀，病程、病死率和最突出的临床症状。

具体临床症状表现参见附录2。

5.7.9 对宿主致病的病理变化（O）

宜重点注明主要病理变化，包括扁桃体、淋巴结、肾脏和脾的变化。

病理变化参见附录3。

5.7.10 血清型

目前，仅有一个血清型，如发现抗原性变异，应叙述在病毒中和反应的交叉和中和反应的同源指数。

5.7.11 抗原结构型

有两种抗原形式：短杆单位包围的完整病毒粒子和寄主细胞膜包围的完整病毒粒子。

5.7.12 与羊痘病毒属各成员之间有无交叉反应

与绵羊痘病毒在琼脂扩散试验和交叉补体结合试验中具有共同抗原，且与接触传染性脓疱性皮炎病毒呈现一定的交叉反应。应用同种和异种痘病毒血清可在琼脂扩散试验中测出痘疹或痘疱中的抗原。应用家兔抗山羊痘高免血清在细胞培养物中作中和试验，山羊痘病毒与绵羊痘病毒呈现交叉反应。

5.7.13 基因型（O）

5.8 致病性（M）

5.8.1 致病力（毒力或者感染力）

应注明毒力大小及毒力稳定性。

5.8.2 致病对象（O）

山羊和绵羊，幼山羊的感染性最高。

5.9 其他特性（M）

若该株山羊痘病毒还存在其他特性，请加以阿拉伯小写数字序号依次说明，说明文字应精练易懂，无歧义。

附录 1

非禽源细胞（或细胞系）及其制品的检验

1 荧光抗体检查法

1.1 选样

对细胞或细胞系检验时，选用连传 2 代后培养 4 日以上的细胞单层；对其制品的检验时，样品用相应的单特异性血清中和处理后，接种细胞单层培养 4 日，传第 2 代，选用第 2 代培养物。

1.2 荧光抗体的选择

视被检细胞来源不同，选用不同病毒的特异荧光抗体。

猪源细胞应检查：牛病毒性腹泻/黏膜病病毒（BVDV）、伪狂犬病病毒（PRV）、狂犬病病毒（RV）、猪细小病毒（PPV）、猪瘟病毒（HCV）。

牛羊源细胞应检查：BVDV、RV、PRV、PPV、BTV（蓝舌病病毒）。

马源细胞应检查：马传染性贫血病毒。

犬源细胞应检查：RV、PRV、PPV、BVDV。

1.3 检验

样品分别经丙酮固定后，以适宜的荧光抗体进行染色、镜检。检查每种病毒时，应各用 2 组细胞单层，一组为被检组；一组为由中国兽药监察所提供的接种 $100 \sim 300$ FA-$TCID_{50}$ 特异病毒的细胞固定片，作为阳性对照。被检组至少取 4 个细胞覆盖率在 75% 以上的细胞单层，总面积不少于 $6cm^2$。

1.4 判定

若被检组出现任何一种特异荧光，为不合格。若阳性对照组不出现特异荧光或荧光不明显，为无结果，可以重检。若被检组出现不明显荧光，必须重检，重检仍出现不明显荧光，为不合格。

2 绿猴肾（Vero）传代细胞检查法

毒种及疫苗经相应的特异性血清中和后，用 3 瓶 Vero 细胞单层（总面积不少于 $100cm^2$），每瓶接种检样 1ml，连传 2 代，每代 7 日，应不出现细胞病变。同时进行红细胞吸附病毒检测和荧光抗体检查，应无红细胞吸附因子和特异性荧光。

3 致细胞病变和（或）红细胞吸附性外源病毒的检验

3.1 致细胞病变外源病毒的检测

取经传代后培养至少 7 日的细胞单层（每个 $6cm^2$）1 个或多个进行检验。

3.1.1 用适宜染色液，对细胞单层进行染色。

3.1.2 观察细胞单层，检查包涵体、巨细胞或其他由外源病毒引起的细胞病变的出现情况。

3.2 红细胞吸附性外源病毒的检测

取经传代后至少培养 7 日的细胞单层（每个 $6cm^2$）1 个或多个进行检验。

3.2.1 以 PBS 洗涤细胞单层数次。

3.2.2 加入 0.2% 红细胞悬液适量，以覆盖整个单层表面为准。红细胞悬液应是洗涤过的豚鼠红细胞、人"O"型红细胞和鸡红细胞的等量混合悬液，可在加入前混合，亦可分别滴加于不同的细胞单层上。选 2 个细胞单层分别在 2～8℃ 和 20～25℃ 培养 30min，用 PBS 洗涤，检查红细胞吸附情况。

3.3 判定

若出现外源病毒所致的特异性细胞病变或红细胞吸附现象，判不合格；若疑有外源病毒污染，但又不能通过其他试验排除这种可能性时，则作不合格论。

附录 2

山羊痘病毒致病的临床症状

敏感动物接触感染后的潜伏期为 5 ~ 14d，有些品种的羊感染初期体温升高，超过 40℃，2 ~ 5d 后形成初次斑点——无色素的皮肤上可见明显的局性小充血斑，然后出现丘疹——全身或仅腹股沟、腋下、会阴部出现直径为 0.5 ~ 1cm 大的硬肿块，丘疹可能被积液的水疱覆盖。欧洲有些品种的山羊感染后可见大面积出血，丘疹覆盖在整个身体表面，常引起死亡。

感染动物出现广泛性丘疹后，可于 24h 内形成鼻炎、结膜炎，体表淋巴结肿大，特别是肩胛前的淋巴结。眼睑上的丘疹可引起不同程度的眼睑炎。当眼结膜和鼻黏膜上的丘疹形成溃疡，分泌物变为脓性黏液，口腔黏膜、肛门、包皮或阴道可能坏死。由于咽后淋巴结肿胀压迫上呼吸道和肺部发生病变，呼吸困难，有杂音。

急性发病耐过后的动物，丘疹基部血管形成血栓、循环受阻，丘疹变为坏死，5 ~ 10d 后丘疹结痂，如动物不死亡，痂皮可存在 6 周、掉痂后留下小的疤痕。

附录3

山羊痘病毒致病的病理变化

　　急性发病死亡动物的皮肤病变不如活着的发病动物明显。可见黏膜坏死，全身淋巴结增大、水肿，皱胃黏膜上常见丘疹，有时瘤胃壁、大肠壁、舌部、软腭、硬腭、气管、食道上也可见丘疹。丘疹可进一步形成溃疡，肾脏、肝脏表面偶尔可见直径约 2cm 长的白斑，整个肺脏，特别是膈叶，有许多直径长达 5cm 的硬块。

附表1

国家自然科技资源平台山羊痘病毒毒株资源描述表

填表日期：　　年　　月　　日

基本信息			
学名		毒株名称	
资源归类编码		毒株保藏编号	
其他保藏机构编号		来源历史	
分离人		分离时间	
原始编号		鉴定人	
鉴定人所在单位		收藏时间	
原产国或地区		采集地区	
分离基物		采集地生境	
生物危害等级		参考毒株	
参考文献			

形态学特征			
病毒形状	形状	纤突长度	
	排列方式	纤突特征	
囊膜特性		衣壳对称性	
病毒大小	完整病毒大小		
	核衣壳大小		

培养特性			
培养物		培养条件	
培养时间		培养方法	
提纯方法		是否有CPE	
其他特性			

理化特性			
分子量		浮密度	
沉降系数		等电点	
对热的稳定性		对酸碱的稳定性	
对乙醚或氯仿的稳定性		对两价离子（Mg^{2+}和Mn^{2+}）的稳定性	
对辐射的稳定性		对消毒剂的稳定性	
凝集红细胞特性			

（续附表1）

蛋白质结构			
结构蛋白的数目和种类名称		非结构蛋白的数目和种类名称	
遗传信息			
核酸类型		核苷酸序列	
基因组大小		碱基链数目	
碱基链存在方式		碱基链性质	
基因组连续性		开放阅读框数目	
生物学特性			
自然宿主		贮存宿主	
传播方式		流行季节	
组织嗜性		地理分布	
血清型		抗原性	
基因型		对宿主致病的临床症状	
		对宿主致病的病理变化	
致病性		其他特性	
毒力		致病对象		其他特性	

参考文献

［1］殷震，刘景华．动物病毒学．第二版．北京：科学出版社，1997

［2］陆承平．兽医微生物学．第三版．北京：中国农业出版社，2001

［3］金奇．医学分子病毒学．北京：科学出版社，2001

［4］姜瑞波．微生物菌种资源描述规范．北京：中国农业科学技术出版社，2005

［5］世界动物卫生组织．OIE 哺乳动物、禽、蜜蜂 A 和 B 类疾病诊断试验和疫苗标准手册．北京：中国农业科学技术出版社，2002

［6］中国兽医药品监察所，中国兽医微生物菌种保藏管理中心．中国兽医菌种目录．第二版．北京：中国农业科学技术出版社，2002

［7］郭志儒．动物病毒分类新动态．中国兽医学报，2003，23（3）：305～309

［8］程国富，李红文，周诗其等．山羊痘自然病例的病理形态学观察及诊断．华中农业大学学报，2004，23（5）：543～546

［9］刘棋，黄夏，郭建刚等．山羊痘病毒的分离鉴定及生物学特性的研究．中国预防兽医学报，2006，28（5）：494～498

［10］Gubser C，Hue S，Kellam P，Smith GL. Poxvirus genomes：a phylogenetic analysis. J Gen Virol. 2004 Jan. 85（Pt 1）：105～117

高致病性禽流感病毒资源样品采集描述规范

起草单位：中国农业科学院哈尔滨兽医研究所

中国兽医药品监察所

前　言

禽流感病毒（Avian influenza virus）是禽流行性感冒（Avian Influenza，AI）的致病病原体。禽流感病毒分为高致病性禽流感病毒、低致病性禽流感病毒与无致病性禽流感病毒。高致病性禽流感病毒引起的禽流感又称真性鸡瘟或欧洲鸡瘟，被国际动物卫生组织（OIE）定为必须报告的动物疫病，我国将其列为一类动物疫病，易造成极大的危害和经济损失。

制定本规范是为了规范高致病性禽流感病毒毒种资源样品的采集，便于高致病性禽流感病毒毒种资源的收集、鉴定、评价、研究，为有效控制高致病性禽流感病毒的危害奠定基础。

本规范是根据国内目前的技术水平，参考 OIE《陆生动物诊断试验和疫苗标准手册》（2004）、《中华人民共和国农业行业标准 NY/T 765—2004 高致病性禽流感样品采集、保存及运输技术规范》，并结合我国现有禽流感检测及诊断等的相关政策和措施制定的。

本规范由国家自然科技资源平台建设项目提出。

本规范起草单位：中国农业科学院哈尔滨兽医研究所中国兽医药品监察所。

本规范主要起草人：孙建宏、王笑梅、陈敏、童光志、魏凤祥、王杰、张从禄、刘景利、胡井雷等。

目　次

高致病性禽流感病毒资源样品采集描述规范

1 范围

本规范规定了高致病性禽流感病毒毒种样品的采集描述规范。

本规范适用于高致病性禽流感病毒毒种资源的收集、整理、保藏。

2 规范性引用文件

下列文件中的条款通过本规范的引用而成为本规范的条款。凡是注日期的引用文件，其随后所有的修改单（不包括勘误的内容）或修订版均不适用于本规范，然而，鼓励根据本规范达成协议的各方，研究是否可使用这些文件的最新版本。凡是不注日期的引用文件，其最新版本适用于本规范。

NY/T 765—2004 高致病性禽流感样品采集、保存及运输技术规范；

NY/T 768—2004 高致病性禽流感 人员防护技术规范；

GB 16548 畜禽病害肉尸及其产品无害化处理规程；

GB/T18088—2000 出入境动物检疫采样；

GB/T 18936—2003 高致病性禽流感诊断技术。

3 术语和定义

下列术语、定义适用于本规范。

3.1 禽流感病毒（Avian influenza virus）

禽流感病毒（Avian influenza virus）是禽流行性感冒（Avian Influenza，AI）的致病病原体，属正黏病毒科流感病毒属，A 型流感病毒。有囊膜和核衣壳。病毒基因组由 8 个负链的单链 RNA 片段组成，它们编码 10 个病毒蛋白，其中 8 个（HA、NA、NP、M1、M2、PB1、PB2 和 PA）是病毒粒子的组成成分，另外 2 个（NS1、NS2）是非结构蛋白。

3.2 禽流感（Avian influenza）

禽流感是禽流行性感冒（Avian Influenza，AI）的简称，是由 A 型流行性感冒病毒引起的发生于家禽、野禽和多种哺乳动物的一种从呼吸道病到严重性败血症等多种症状的综合病症。

3.3 高致病性禽流感（HPAI）

高致病性禽流感是由高致病性禽流感病毒（应符合 OIE 的高致病性禽流感病毒的分类标准）引起，又称真性鸡瘟或欧洲鸡瘟，被国际动物卫生组织定为必须报告的动物疫病，我国将其列为一类动物疫病，传播快、发病率和死亡率都很高，危害大。

4 采样前的准备

4.1 采样要求

4.1.1 根据采样目的，采集不同类型和不同数量的样品。

4.1.2　采样人员必须是兽医技术人员，熟悉采样器具的使用，掌握正确采样方法。

4.2　器具和试剂

4.2.1　器具

4.2.1.1　动物检疫器械箱，保温箱或保温瓶，解剖刀，剪刀，镊子，酒精灯，酒精棉，碘酒棉，注射器及针头。

4.2.1.2　样品容器（如西林瓶，平皿，1.5ml 塑料离心管，10ml 玻璃离心管及易封口样品袋，塑料包装袋等）。

4.2.1.3　试管架，塑料盒（1.5ml 小塑料离心管专用），铝饭盒，瓶塞，无菌棉拭子，胶布，封口膜，封条，冰袋。

4.2.1.4　采样刀剪等器具和样品容器需经无菌处理。

4.2.2　试剂

加有抗生素的 pH 7.4 的等渗磷酸盐缓冲液（PBS）（配制方法见附录1）。

4.3　记录和防护材料

不干胶标签、签字笔、圆珠笔、记号笔、采样单、记录本等；口罩、一次性手套、乳胶手套、防护服、防护帽、胶靴等。

5　样品采集

5.1　基本要求

应从死禽和处于急性发病期的病禽采集样品，样品要具有典型性。采样过程要注意无菌操作，同时避免污染环境。采样人员要按 NY/T 768—2004 要求加强个人防护。

5.2　病死禽

5.2.1　应采集组织样品。取死亡不久的 5 只病死禽采样，病死禽数不足 5 只时，取发病禽补齐 5 只。

5.2.2　每只禽采集肠管及肠内容物 1 份；肺和气管样品 1 份；肝、脾、肾、脑等各 1 份并分别采集。上述每个样品取样重量为 15～20g，放于样品袋或平皿中，如果重量不够可取全部脏器（如脾脏）。

5.2.3　不同禽只脏器不能混样，同一禽只不同脏器不应混样。样品采集完后将样品封口，贴好标签。

5.3　病禽

5.3.1　拭子样品

取 5 只病禽采样，每只采集泄殖腔拭子和喉气管拭子各 1 个，将样品端剪下分别置于含有 1.0～1.3ml 抗生素 PBS 的小塑料离心管中，封好口，贴好标签。

5.3.1.1　泄殖腔拭子采集方法

将棉拭子插入泄殖腔约 1.5～2cm，旋转后沾上粪便。

5.3.1.2　粪便样品

小珍禽采泄殖腔拭子容易造成伤害，可只采集 5 个新鲜粪便样品（每个样品 1～2g），置于内含有 1.0～1.5ml 抗生素 PBS 的西林瓶中，封好口，贴好标签。保存粪便和泄殖腔拭子的 PBS 中抗生素浓度提高 5 倍（配制方法见附录1）。

5.3.1.3　喉气管拭子采集方法

将棉拭子插入口腔至咽的后部直达喉气管，轻轻擦拭并慢慢旋转，沾上气管分泌物。

保存到喉气管拭子的抗生素 PBS 保存液中（配制方法见附录1）。

5.3.2 血清样品

采集 10 只病禽的血样，心脏或翅静脉采血，每只病禽采血样 2～3ml，盛于西林瓶中或 10ml 离心管中，经离心或自然放置析出血清后，将血清移到另外的西林瓶或小塑料离心管中，盖紧瓶塞，封好口，贴好标签。不同禽只的血样不能混合。

5.3.3 组织样品

当需要采集组织样品时，将 5 只病禽宰杀，组织样品采样方法同 5.2。

5.4 整禽采样

5.4.1 适于禽主或兽医部门采样。

5.4.2 将病死禽或病禽装入塑料袋内，至少用两层塑料袋包装，同时和血清样品一起用保温箱加冰袋密封包装，由采样人员 12h 内带回或送到实验室。

5.4.3 要求死禽和病禽总数不少于 5 只；组织采样方法同 5.2。

5.4.4 血清样品不少于 10 份，每份不少于 1.5ml。采血方法同 5.3.2。

5.5 采样单及标签等的填写

样品信息详见附录2。采样单应用钢笔或签字笔逐项填写（一式三份），样品标签和封条应用圆珠笔填写，保温容器外封条应用钢笔或签字笔填写，小塑料离心管上可用记号笔作标记。应将采样单和病史资料装在塑料包装袋中，随样品一起送到实验室。

5.6 包装要求

5.6.1 每个组织样品应分别仔细包装，在样品袋或平皿外面贴上标签，标签注明样品名、样品编号、采样日期等。再将各个样品放到塑料包装袋中。

5.6.2 拭子样品小塑料离心管应放在特定的塑料盒内。

5.6.3 血清样品装于西林瓶时应用铝盒盛放，盒内加填塞物避免小瓶晃动，若装于小塑料离心管中，则应置于塑料盒内。

5.6.4 包装袋外、塑料盒及铝盒应贴封条，封条上应有采样人签章，并注明贴封日期，标注放置方向，切勿倒置。

6 保存和运输

6.1 样品应置于保温容器中运输，保温容器应密封，防止渗漏。一般使用保温箱或保温瓶，保温容器外贴封条，封条有贴封人（单位）签字（盖章），并注明贴封日期。

6.2 样品应在特定的温度下运输，拭子样品和组织样品应作暂时的冷藏或冷冻处理，然后立即运送实验室。

6.2.1 若能在 4h 内送到实验室，可用冰袋冷藏运输。

6.2.2 如果超过 4h，应作冷冻处理，先将样品置于 -30℃ 冻结，然后再在保温箱内加冰袋运输，经冻结的样品必须在 24h 内送到。

6.2.3 若 24h 不能送到实验室，则运输过程中环境温度应保持在 -20℃ 以下。

6.3 血清样品要单独存放。若 24h 内运达实验室，在保温箱内加冰袋冷藏运输；若超过 24h，要先冷冻后，在保温箱内加大量冰袋运输，途中不能超过 48h。

6.4 各种样品到达实验室后，若暂时不进行处理，则应冷冻（以 -70℃ 或以下为宜）保存，不应反复冻融。

7 禽流感实验室检测中应注意的问题

7.1 初期病毒分离标本的处理可以在二级生物安全柜中进行；如标本确认为 H5N1 阳性后，此标本的有关实验应在 P3 实验室中操作。血清学实验操作在二级生物安全柜中或生物安全二级实验室进行。

7.2 禁止在同一实验室，更不能在同一接种柜中，同时处理接种未知临床标本和已知阳性标本。

7.3 禁止在同一实验室，同一时间处理，接种采自不同动物的标本。

7.4 接种后剩余原始标本，尤其分离出病毒的标本需暂时冻存，有条件的应置于 -70℃或以下保存，以便需要时可进行复查，待分离物经国家禽流感参考实验室鉴定完后方可处理掉。分离阴性的标本应随时弃之。

7.5 严禁实验室交叉污染。在病毒分离时严禁设阳性对照及操作在人群中已消失的流感病毒。

7.6 禽流感病毒在 -40 ~ -20℃时不稳定，故长期保存应在 -70℃温度以下。

附录 1

溶液配制

1. pH 7.4 的等渗磷酸盐缓冲液（0.01mol/L，pH 7.4，PBS）：

NaCl	8.0g
KH_2PO_4	0.2g
$Na_2HPO_4 \cdot 12H_2O$	2.9g
KCl	0.2g

将上列试剂按次序加入定量容器中，加适量蒸馏水溶解后，再定容至 1 000ml，调 pH 值至 7.4，高压消毒灭菌 112kPa 20min，冷却后，保存于 4℃冰箱中备用。

2. 棉拭子用抗生素 PBS（病毒保存液）的配制：

取上述 PBS 液，按要求加入下列抗生素：喉气管拭子用 PBS 液中加入青霉素（2 000IU/ml）、链霉素（2mg/ml）、丁胺卡那霉素（1 000IU/ml）、制霉菌素（1 000IU/ml）。粪便和泄殖腔拭子所用的 PBS 中抗生素浓度应提高 5 倍。加入抗生素后应调 pH 值至 7.4。在采样前分装小塑料离心管，每管中加这种抗生素 PBS 1.0~1.3ml，采粪便时在西林瓶中加抗生素 PBS 1.0~1.5ml，采样前冷冻保存。

附录 2

禽流感病毒采样单

场名或禽主				禽别（划√）		□祖代□父母代□商品代	
通讯地址					邮编		
联系人			电话		传真		
栋 号	样品名称	品种	日龄	存养量	采样数量	编号起止	
既往病史及免疫情况							
临床症状和病理变化							
采样单位				联系电话			
被采样单位盖章或签名				采样单位盖章或签名			
		年　月　日				年　月　日	

注：此单一式三份，第一联采样单位保存，第二联随样品，第三联由被采样单位保存。
"编号起止"统一用阿拉伯数字 1、2、3……表示，各场保存原禽只编号。

参考文献

[1] 中华人民共和国农业部．中华人民共和国兽用生物制品规程．2000 年版．北京：化学工业出版社，2000

[2] 甘孟侯．禽流感．第二版．北京：中国农业出版社，2002

[3] B. W. 卡尔尼克．禽病学．第十版．北京：中国农业出版社，1999

［4］ OIE 世界动物卫生组织《陆生动物诊断试验和疫苗标准手册》（2004）

［5］ GB 16548 畜禽病害肉尸及其产品无害化处理规程

［6］ GB/T 18088—2000 出入境动物检疫采样

［7］ GB/T 18936—2003 高致病性禽流感诊断技术

［8］ NY/T 765—2004 高致病性禽流感样品采集、保存及运输技术规范

［9］ NY/T 768—2004 高致病性禽流感　人员防护技术规范

［10］ Isolation and identification of avian pathogens. Fourth edition. American association of avian pathologists，1998

球虫虫种资源描述规范

起草单位：中国农业科学院上海兽医研究所

中 国 兽 医 药 品 监 察 所

前　言

　　球虫是属于顶复器门（Apicomplexa）、孢子虫纲（Sporozoasida）、球虫亚纲（Coccidiasina）、真球虫目（Eucoccidiorida）、艾美耳科（Eimeridae）的原虫。自 1677 年列文虎克发现兔的肝球虫以来，迄今已发现对人类、家畜、家禽具有重要意义的球虫主要有 4 个属，即艾美耳属（*Eimeria*）、等孢属（*Isospora*）、泰泽属（*Tyzzeria*）、温扬属（*Wennyonella*）。

　　球虫病是畜牧生产中最重要的，也是最常见的一类原虫病，在自然界中分布广泛，可引起大批动物的发病和死亡，从而给畜牧业造成巨大的经济损失。不同种球虫对各种动物的寄生部位、潜在期和裂殖生殖代数各不相同，但球虫生活史的基本过程是相同的，都包括孢子生殖（sporogony）、裂殖生殖（schizogony 或 merogony）和配子生殖（gametogony）三个阶段。

　　目前，国际卫生组织未将球虫病列入《国际动物卫生法典》中，我国相关部门颁布的规程中将部分球虫病列入二类动物疫病中，如鸡球虫病、兔球虫等。球虫病的经典诊断方法是镜检虫体，分子生物学技术和免疫学技术也陆续被用于球虫病的诊断中。

　　制定本规范是为了规范球虫虫种资源描述，便于球虫虫种资源的收集、保藏、鉴定、评价、研究，有效整理球虫虫种资源，促进球虫虫种资源信息化，实现资源的高效共享，并为有效控制致病性球虫的危害奠定基础。

　　本规范由国家自然科技资源平台建设项目提出。

　　本规范起草单位：中国农业科学院上海家畜寄生虫病研究所、中国兽医药品监察所。

　　本规范主要起草人：黄兵、姜连连、韩红玉、陈敏、薛青红、赵其平、董辉等。

目　次

球虫虫种资源描述规范

1 范围

本规范规定了球虫虫种资源的定义、描述及其分级规范。

本规范适用于球虫虫种资源的收集、整理和保存，以及数据库和信息共享网络系统的建立。

2 规范性引用文件

下列文件中的条款通过本规范的引用而成为本规范的条款。凡是注日期的引用文件，其随后所有的修改（不包括勘误的内容）或修订版均不适用于本规范，然而，鼓励根据本规范达成协议的各方，研究是否可使用这些文件的最新版本。凡是不注日期的引用文件，其最新版本适用于本规范。

国务院令第424号　病原微生物实验室生物安全管理条例；

GB 19489—2004　实验室 生物安全通用要求；

科技部自然科技资源平台联合管理办公室文件：《自然科技资源共性描述规范（试行）》。

3 术语与定义

下列术语和定义适用于本规范：

3.1 球虫（Coccidia）

球虫是指顶复器门孢子虫纲真球虫目艾美耳科的原虫。本规范中主要是指具有致病性的球虫。

3.2 球虫虫种资源（Coccidia resources）

指可培养的有一定科学意义、具有实际或潜在实用价值的球虫虫种及相关的信息数据。

3.3 未孢子化卵囊（Unsporutated oocyst）

指细胞内充满着细胞质团，没有形成囊体，可随动物的上皮细胞破裂，进入肠腔，随粪便排到外界，不具有感染能力的卵囊。

3.4 孢子化卵囊（Sporutated oocyst）

指细胞的细胞质团分裂成孢子囊，每个孢子囊内再形成子孢子，或直接分裂成子孢子，具有感染能力的卵囊。

3.5 孢子生殖（Sporogony）

是指随动物粪便排到外界环境中的未孢子化卵囊，在适宜的温度、湿度及有氧条件下发育成孢子化卵囊的过程。

4 要求

4.1 描述要求

——描述内容应清楚、准确，力求完整；

——要充分考虑该虫株的最新研究进展；

——能被微生物专业人员理解。

4.2 描述要素

描述要素分为 2 类：

——M 为必备要素，必须描述的要素；

——O 为可选要素，其描述与否视具体虫株而定。

5 描述内容

5.1 基本信息

5.1.1 平台资源号（M）

国家自然科技资源 e－平台统一生成的资源编号，平台资源号长度为 18 位，前 9 位是资源单位编号，后 9 位是流水号，参见《自然科技资源共性描述规范》。

5.1.2 学名（M）

应指明该虫株的完整科学名称。

5.1.3 中文名称（M）

应指明该虫株的中文名称（如有别名，可在括号中注明）。尚无中文译名时，填写"暂无"。

5.1.4 资源归类编码（M）

应指明该虫株的资源归类编码，参见《微生物菌种资源分类编码体系》。

5.1.5 虫株保藏编号（M）

应指明该虫株在专业保藏机构的保藏编号，保藏编号由前缀和虫株编号两部分组成。前缀为保藏机构英文名称的缩写，前缀和虫株编号之间应留半角空格。

5.1.6 其他保藏机构编号（O）

宜指明该虫株在其他菌种保藏机构的虫株保藏编号。每个其他保藏机构的编号均由"＝"开头，如编号不止一个时，中间也用"＝"连接。

5.1.7 来源历史（M）

应指明得到该虫株的途径。如虫株转移经过多个保藏机构，则保藏机构之间用一个左指向的箭头"←"连接。

5.1.8 分离人（M）

应指明该虫株最初分离人的姓名。

5.1.9 分离时间（M）

应指明该虫株的分离时间。格式为 YYYYMMDD，其中 YYYY 为年，MM 为月，DD 为日。

5.1.10 原始编号（M）

应指明该虫株最初分离编号。

5.1.11 分离途径及方式（O）

说明单一种的分离途径（如来自血液、组织、淋巴结、病灶、分泌物或粪便等）、分离方式（如利用潜隐期、不同的媒介等）和分离纯化方法（如漂浮法、沉淀法、单卵囊分离法等）。

5.1.12 鉴定人（O）

宜指明该虫株的鉴定人。

5.1.13 鉴定人所在单位（O）

宜指明该虫株的鉴定人所在单位。

5.1.14 收藏时间（O）

宜指明保藏机构收集、保存该虫株的时间。格式为 YYYYMMDD，其中 YYYY 为年，MM 为月，DD 为日。

5.1.15 原产国或地区（M）

应指明该虫株分离基物采集地所在国家或地区名称。

5.1.16 采集地区（O）

宜指明该虫株的采集地行政区划，详细到县。

5.1.17 分离基物（O）

应指明具体的分离基物名称。

5.1.18 采集地生境（O）

应描述该虫株分离基物采集具体地点的生态环境，参照《微生物菌种资源采集环境描述规范（试行)》。

5.1.19 生物危害等级（M）

应指明该虫株的生物危害等级归类，参照《病原微生物实验室生物安全管理条例》。

5.1.20 培养基（O）

应参照《中国菌种目录》指明该虫株的培养基编号，如《中国菌种目录》没有收录该培养基，应给出配方及制作方法。

5.1.21 模式虫株（M）

凡是模式虫株应予指明。

5.1.22 分类地位（M）

标明该虫种所属的门、纲、目、科、属、种/亚种/变种。

5.2 生物学特性

5.2.1 致病宿主（M）

注明该虫种的主要寄生宿主和保虫宿主的种类。

5.2.2 传播媒介或中间宿主或贮藏宿主（M）

说明该虫种有无传播媒介、中间宿主、贮藏宿主，并注明传播媒介、中间宿主、贮藏宿主的种类、名称。

5.2.3 传播方式和途径（M）

阐明传播媒介和中间宿主以何种方式传递该病原，传播媒介和中间宿主在哪个世代和发育阶段传播病原。

5.2.4 潜隐期（O）

标明感染至排虫的最短时间。

5.2.5 寄生部位（M）

说明该虫种寄生在脊椎动物宿主的何种器官、何种组织、何种细胞。

5.2.6 寄生物血症或感染状况（O）

指出寄生物血症或感染率的数值范围和通常值。

5.2.7　带（荷）虫期（M）

说明该虫体在脊椎动物宿主体内的存留时间区间。

5.2.8　病原性（M）

表明该虫种对脊椎宿主动物有或无致病。

5.2.9　临床症状（M）

主要阐述该虫种对脊椎宿主动物的标志性临床症状，特别是在种的分类上具有特征性的症状。

5.2.10　繁殖动物（M）

阐明该虫种复壮繁殖所需的实验动物种类，同时阐明繁殖代数、保存条件、病原活性维持时间。

5.2.11　致病性（M）

说明该虫种（株）对目标宿主的致病性强弱。致病性通常分为强、中等、弱。

5.2.12　应用范围（O）

主要表明虫种应用的适宜范围（包括分类、研究、教学、分析检测、生产等）。

5.3　形态学

主要描述虫种的各种发育阶段的形态特征，特别注明该种的标准形态，各发育阶段量度的大小，有无裂殖体形成。

5.3.1　生活史（M）

阐述该种的发育过程（裂体生殖、配子生殖、孢子生殖、有性生殖、无性生殖或有无孢子体生成、有无裂殖体生成等）。

5.3.2　形态描述（M）

根据5.3.1内容，描述各阶段的形态特征，特别注明该种的标准形态，量度的大小，有无裂殖体形成。

5.3.3　卵囊（M）

说明该虫种卵囊的形态特征，包括卵囊的外形、大小、形状指数、色泽、外膜，有无卵膜孔、卵囊残体、极帽和极粒。

5.3.4　孢子囊（M）

说明该虫种孢子囊数目、大小和外形，孢子囊上是否有斯氏体，有无孢子囊残体和孢子囊残体形态。

5.3.5　子孢子（M）

说明该虫种子孢子数目、大小和形态。

5.3.6　包囊（M）

说明该虫种有无包囊形成，以及包囊的形态。

5.4　其他特性（O）

5.4.1　生化与分子生物学特征

说明该虫种（株）相关阶段已测定的同工酶酶谱、特异性蛋白条带及分子量、18SrDNA序列等。

5.4.2　其他

主要包括前述的各种生物学性状无法涵盖的一些某个虫种所具有的指征性的生物学特性（抗药性等）。

附表

国家自然科技资源平台球虫虫种资源描述表

填表日期：　　年　　月　　日

基本信息			
学名		中文名称	
资源归类编码		虫株保藏编号	
其他保藏机构编号		来源历史	
分离人		分离时间	
原始编号		分离途径及方式	
鉴定人		鉴定人所在单位	
收藏时间		原产国或地区	
采集地区		分离基物	
采集地生境		生物危害等级	
培养基		模式虫株	
分类地位			
生物学特性			
脊椎动物宿主		传播媒介或中间宿主或贮藏宿主	
传播方式和途径		潜隐期	
寄生部位		寄生物血症或感染情况	
带（荷）虫期		病原性	
临床症状		繁殖动物	
致病性		应用范围	
形态学			
生活史		形态描述	
卵囊		孢子囊	
子孢子		包囊	
其他特性			
生化与分子生物学特征		其他	

参考文献

[1] 蒋金书. 动物原虫病学. 北京：中国农业大学出版社，2000

[2] 索勋，李国清. 鸡球虫病学. 北京：中国农业大学出版社，1998

［3］索勋，杨晓野．高级寄生虫学实验指导．北京：中国农业科学技术出版社，2005

［4］沈杰，黄兵．中国家畜家禽寄生虫名录．北京：中国农业科学技术出版社，2004

［5］李祥瑞．动物寄生虫病彩色图谱．北京：中国农业出版社，2004

［6］J. Eckert, *et al.* Guidelines on techniques in coccidiosis research, Agriculture Biotechnology, European Commission, 1995

［7］Anonym, Manual of Veterinary Parasitological Techniques, Ministery of Agriculture Fisheries and Food, The Majesty's Stationary Office, London, 1986

［8］Levine N D, Veterinary Protazoology. Iowa State University Press, Ames, 1985

［9］Schnitzler, B. E. *et al.* Avian Pathology, Taylor and Francis Ltd, 1999

第二部分

技 术 规 程

牛分枝杆菌资源检测技术规程

起草单位：中国动物卫生与流行病学中心
中国兽医药品监察所

前　言

　　牛结核病（Bovine Tuberculosis）主要是由牛分枝杆菌（*Mycobacterium bovis*）引起的一种人兽共患的慢性传染病。世界动物卫生组织（OIE）将其列为 B 类动物疫病，我国将其列为二类动物疫病。

　　本规程是根据《中华人民共和国动物防疫法》和其他相关的法律法规，参考 OIE《诊断试验和疫苗标准手册》（2004），并结合我国现有牛分枝杆菌诊断的国家标准、动物卫生法规及农业部对牛分枝杆菌的相关政策和措施，综合国内外牛分枝杆菌科研成果的基础上制定的。牛分枝杆菌检测是对其进行保存、评价和利用的前提条件，是确保微生物资源保藏质量的基本保障。制定本规程的目的是为保证牛分枝杆菌资源的质量，规范牛分枝杆菌的检测。

　　本规程由国家自然科技资源平台建设项目提出。

　　本规程起草单位：中国动物卫生与流行病学中心，中国兽医药品监察所。

　　本规程主要起草人：李明义、陈敏、刘新文、宫晓。

目 次

牛分枝杆菌检测技术规程

1 范围

本规程适用于中华人民共和国境内一切从事牛、羊、猪、鹿、犬等易感动物的饲养、经营及其产品的生产、经营，以及从事动物防疫活动的单位和个人。

2 规范性引用文件

下列文件中的条款通过本标准的引用而成为本标准的条款。凡是注日期的引用文件，其随后所有的修改单（不包括勘误的内容）或修订版均不适用于本标准，然而，鼓励根据本标准达成协议的各方，研究是否可使用这些文件的最新版本。凡是不注日期的引用文件，其最新版本适用于本标准。

GB 19489—2004　实验室生物安全通用要求；

GB 6682—92　分析实验室用水规格和试验方法；

GB 16568—1996　奶牛场卫生及检疫规范；

GB/T 18645—2002　动物结核病诊断技术；

GB 16548—1996　畜禽病害肉尸及其产品无害化处理规程。

3 术语和定义

下列术语、定义、缩略语和符号适用于本规程。

3.1 牛分枝杆菌（*Mycobacterium bovis*）

牛分枝杆菌属于放线菌目分枝杆菌科分枝杆菌属，主要引起牛结核病，特征是形成结节状肉芽瘤称为结核。虽然，牛结核病通常称为慢性消瘦病，但有时亦有急性型。机体各组织均会受到侵害，但最常见到的损伤组织有淋巴结、肺脏、肠、脾脏、胸膜和腹膜。症状随着体内结节分布而变化。牛结核病是一种人兽共患的慢性传染病，世界动物卫生组织（OIE）将其列为 B 类动物疫病，我国将其列为二类动物疫病。

3.2 提纯蛋白衍生物（PPD）

3.3 酶联免疫吸附试验（ELISA）

3.4 磷酸盐缓冲盐溶液（PBS）

3.5 外周血淋巴细胞（PBL）

3.6 5-溴脱氧尿苷（5-bromo-deoxyuridine，BrdU）

3.7 荧光偏振检测法（FPA）

3.8 结核分枝杆菌复合群（*M. tuberculosis* complex）

3.9 分子伴侣（Chaperonin）

3.10 限制性酶切片断长度多态技术（RFLP）

4　牛分枝杆菌的检测诊断技术

本病依据流行病学、临床症状、病理变化可做出初步诊断。确诊需进一步做病原的实验室诊断。

牛分枝杆菌属于我国二类动物病原微生物，各种操作应在 BSL-3 和 ABSL-3 进行，实验室条件和操作要求按照《病原微生物实验室生物安全管理条例》（国务院第 424 条令）、《兽医实验室生物安全管理规范》（2003 年农业部 302 号公告）和 GB 19489—2004《实验室生物安全通用要求》执行。

4.1　流行特点

本病为人兽共患传染病，其中奶牛最易感，其次为水牛、黄牛、牦牛。结核病患牛是本病传染源，牛结核分枝杆菌随鼻汁、痰液、粪便和乳汁等排出体外，污染饲料、饮水、空气等周围环境。成年牛多因与病牛、病人直接接触，犊牛多因吃了病牛奶而感染。

4.2　临床症状

潜伏期一般为 10～45d，有的更长。通常呈慢性经过。分为以下几种类型。

肺结核：以长期顽固的干咳为特征，且以清晨最明显。患畜容易疲劳，逐渐消瘦，病情严重者可见呼吸困难。

乳房结核：一般先是乳房淋巴节肿大，继而后方乳腺区发生局限性或弥漫性硬结，硬结无热无痛，表面凹凸不平。泌乳量下降，乳汁变稀，严重时乳腺萎缩，泌乳停止。

肠结核：消瘦和持续下痢或与便秘交替出现，粪便常带血或脓汁。

4.3　病理变化

特征性病变是在肺脏形成特异性白色或黄白色结节。结节大小不一，切面干酪样坏死或钙化，有时坏死组织溶解和软化，排出后形成空洞。胸膜和肺膜可发生密集的结核结节，形如珍珠状。

4.4　实验室诊断

4.4.1　病原分离鉴定

开放性牛结核病诊断，采取病牛的病灶、痰、尿、粪便、乳及其他分泌物样品，作抹片或集菌处理（附录1）后抹片，用抗酸染色法染色镜检，以及分离培养和动物接种等。

4.4.2　结核菌素皮内变态反应试验

本试验是测定牛结核病的标准方法。用结核菌素给牛皮内注射，3d 后测定注射部位的肿胀厚度。

用牛和禽结核菌素作皮内注射比较试验，主要是为了区别有牛分枝杆菌感染的动物或是由其他分枝杆菌及有关属的细菌感染而产生对结核菌素敏感的动物。

牛型提纯结核菌素皮内变态反应试验（附录2）。

4.4.3　血清学试验

除了传统结核菌素试验方法外，现在已经研究了有不少新的血清学诊断方法。如与细胞免疫相关的淋巴细胞增生试验和 γ-干扰素试验，与体液免疫相关的酶联免疫吸附试验（ELISA）等，试验结果证明血清学方法是非常有效的检测方法。

4.4.3.1　淋巴细胞增生试验

这种体外试验是测定全血样品对结合菌素 PPD 抗原的细胞反应性。

致敏的外周血淋巴细胞（PBL）在特异性抗原（如 PPD、MPB70、MPB64 和 MPB59

等）刺激下，可使抗原特异性 T 淋巴细胞亚群发生增生反应。经典方法使用同位素对合成 DNA 必须的某种核苷酸进行标记。最近有报道，使用 5-溴脱氧尿苷（5-bromo-deoxyuri-dine，BrdU）替代同位素标记的胸腺嘧啶核苷。BrdU 是一种胸腺嘧啶核苷的类似物，可取代胸腺嘧啶核苷参与 DNA 的合成。被结合的 BrdU 可由荧光标记抗 BrdU 抗体识别并结合，配合流式细胞仪可以对其进行识别并计数。通过测定外周血循环中的增生淋巴细胞的比例可了解淋巴细胞增生的程度，间接反映淋巴细胞被特异性抗原致敏的情况，从而分析动物机体对 *M. bovis* 的细胞免疫状态。

4.4.3.2　γ-干扰素试验

本试验测定全血培养系统中淋巴因子的释放，与 PPD 皮内试验相比，具有出现反应早（在牛被感染后 2～3 周即可得到阳性结果）。试验快速、灵敏的优点。

γ-干扰素试验方法是取试验牛血样淋巴细胞（1ml）培养，加入特异性 PPD 一起孵育 16～24h，由于致敏的淋巴细胞能够释放出干扰素，因此，可用 IFN-γ-ELISA 进行定量测定。牛 IFN-γ 测定法已在许多国家完成了田间试验，证明该方法的敏感性为 77%～93.6%，高于结核菌素试验结果解释的主观性，缩短了试验的时间。而且据 Ryan J J 等报道，在皮内试验进行后的 2～8d 内再进行 IFN-γ 试验，其灵敏度和特异性未有显著影响（分别为 85% 和 93%），因此，可以作为皮内试验理想的补充试验。

4.4.3.3　酶联免疫吸附试验（ELISA）

酶联免疫吸附试验（ELISA）法，目前，在许多国家已得到应用。采用牛分枝杆菌 PPD、老结核菌素聚合 OT、牛分枝杆菌原生质抗原以及氯化钾浸出抗原进行的 ELISA 试验结果表明，以 PPD-ELISA 效果较好，所以，不少国家均建立了 PPD-ELISA 检测牛结核病的方法。经过对比试验证明，PPD-ELISA 的敏感性和特异性分别为 70%～90% 和 70%～95%。在结核杆菌血清学试验中，ELISA 作为传统结核杆菌试验的补充试验对于鉴别阴性和假阴性反应具有重要作用（附录 3）。

将 *M. tuterculosis* 的编码 ESAT-6、MTSA-10、PT51、MPT63 的基因，以及 *M. bovis* 的编码 MPB59、MPB64、MPB70 的基因，经适当的表达体系表达以获得相应的重组蛋白抗原。纯化后作为包被抗原用于 ELISA 检测方法，通过采用多种重组抗原组合，可以大大提高 ELISA 方法的灵敏度和特异性。在西方一些国家，ELISA 诊断方法在结核病流行病学调查中的应用大大缩减了对牛结核病控制与消灭计划的开支。

4.4.3.4　荧光偏振检测法（FPA 检测技术）

原理是利用荧光标记的纯化的特异蛋白作为抗原，检测感染牛血清中的抗牛结核的抗体，该法只需要荧光标记抗原一种试剂，无需分离和洗涤步骤，操作快速、简便，数分钟内得到结果。

4.4.4　分子生物学检测

4.4.4.1　聚合酶链反应（PCR）

PCR 已广泛应用于结核菌病的检测。目前，用于检测的目的基因主要包括 16S rRNA、16S DNA，结核分枝杆菌复合群（*M. tuberculosis* complex）的 IS 6100 和 IS 1081 的插入序列以及编码特异性分枝杆菌复合体蛋白的基因如 MPB64 和 38 ku 抗原等。同时设计不同类型的结核杆菌序列，能从组织中一次检测几种分枝杆菌。

最近可以将人巨噬细胞系 THP-1（该细胞具有 Fc 和 C3b 受体，缺乏膜表面及胞浆免疫球蛋白，易于培养且对 *M. bovis* 易感，是扩增牛结核分枝杆菌复合群的有效媒介）用来从临床样本中分离和增殖分枝杆菌，经过 48h 培养可以将微量的分枝杆菌大量增殖。收集培养后的细胞，随后可以通过半巢式（semi-nested）PCR 检测被感染的 THP-1 细胞中牛 *M. tuberculosis complex* 特异性的插入序列 IS6110，或者通过流式细胞仪检测分子伴侣（chaperonin）10 的表达和分泌。从而检测 *M. bovis*。

4.4.4.2 核酸探针技术

根据 *M. paratuberculosis* 基因组设计一段长度为 165 bp，含有 PAN 启动子的 DNA 片段进行放射性标记并将其作为探针，提取待测菌株的 DNA。经限制性内切酶 EcoR I 消化，Southern 印迹后与探针进行杂交。该方法综合利用了 EcoR I 的限制性酶切片段长度多态（RFLP）技术和 DNA 探针技术。能够从混合样品中一次检出 *M. tuberculosis*，*M. bovis*，*M. avius* 和 BCG 等多种致病或非致病分枝杆菌。

另外，在 RFLP 的基础上，利用两个分子标记：一个与 IS 6110 相邻的正向重复序列（DR，direct repeat）和一个称作 pMBA2 的富 G-C 多态性重复片段，用限制性内切酶 Alu I 消化，可以对不同地区的 *M. bovis* 分离株进行鉴定，并对牛结核病进行流行病学监测。

4.5 注意事项

所有操作应在 BSL-3 级实验室中进行。

附录 1

样品集菌方法

痰液或乳汁等样品，由于含菌量较少，如直接涂片镜检往往是阴性结果。此外，在培养或作动物试验时，常因污染杂菌生长较快，使病原结核分枝杆菌被抑制。下列几种消化浓缩方法可使检验标本中蛋白质溶解、杀灭污染杂菌，而结核分枝杆菌因有蜡质外膜而不死亡，并得到浓缩。

1. 硫酸消化法

用 4%~6% 硫酸溶液将痰、尿、粪或病灶组织等按 1：5 之比例加入混合，然后置 37℃作用 1~2h，经 3 000~4 000r/min 离心 30min，弃上清液，取沉淀物涂片镜检、培养和接种动物。也可用硫酸消化浓缩后，在沉淀物中加入 3% 氢氧化钠中和，然后抹片镜检、培养和接种动物。

2. 氢氧化钠消化法

取氢氧化钠 35~40g，钾明矾 2g，溴麝香草酚兰 20mg（预先用 60% 酒精配制成 0.4% 浓度，应用时按比例加入），蒸馏水 1 000ml 混合，即为氢氧化钠消化液。

将被检的痰、尿、粪便或病灶组织按 1：5 的比例加入氢氧化钠消化液中，混匀后，37℃作用 2~3h，然后无菌滴加 5%~10% 盐酸溶液进行中和，将标本的 pH 值调到 6.8 左右（此时显淡黄绿色），以 3 000~4 000r/min 离心 15~20min，弃上清液，取沉淀物涂片镜检、培养和接种动物。

在病料中加入等量的 4% 氢氧化钠溶液，充分振摇 5~10min，然后用 3 000r/min 离心 15~20min，弃上清液，加 1 滴酚红指示剂于沉淀物中，用 2N 盐酸中和至淡红色，然后取沉淀物涂片镜检、培养和接种动物。

在痰液或小脓块中加入等量的 1% 氢氧化钠溶液，充分振摇 15min，然后用 3 000r/min 离心 30min，取沉淀物涂片镜检、培养和接种动物。

对痰液的消化浓缩也可采用以下较温和的处理方法：取 1N（或 4%）氢氧化钠水溶液 50ml，0.1mol/L 柠檬酸钠 50ml，N-乙酰-L-半胱氨酸 0.5g，混合。取痰 1 份，加上述溶液 2 份，作用 24~48h，以 3 000r/min 离心 15min，取沉淀物涂片镜检、培养和接种动物。

3. 安替福民（Antiformin）沉淀浓缩法

溶液 A：碳酸钠 12g，漂白粉 8g，蒸馏水 80ml。

溶液 B：氢氧化钠 15g，蒸馏水 85ml。

应用时，A、B 两液等量混合，再用蒸馏水稀释成 15%~20% 后使用，该溶液需存放于棕色瓶内。

将被检样品置于试管中，加入 3~4 倍量的 15%~20% 安替福民溶液，充分摇匀后 37℃作用 1h，加 1~2 倍量的灭菌蒸馏水，摇匀，3 000~4 000r/min 离心 20~30min，弃上清沉淀物加蒸馏水恢复原量后再离心一次，取沉淀物涂片镜检、培养和接种动物。

附录 2

结核菌素皮内变态反应试验

1 牛型提纯结核菌素皮内变态反应试验

出生后 20d 的牛即可用本试验进行检疫。

1.1 操作方法如下

1.1.1 注射部位及术前处理：将牛只编号后在颈侧中部上 1/3 处剪毛（或提前一天剃毛），3 个月以内的犊牛，也可在肩胛部进行，直径约 10cm。用卡尺测量术部中央皮皱厚度，作好记录。注意，术部应无明显的病变。

1.1.2 注射剂量：不论大小牛只，一律皮内注射 0.1ml（含 2 000IU）。即将牛型提纯结核菌素稀释成每毫升含 2 万 IU 后，皮内注射 0.1ml。冻干 PPD 稀释后当天用完。

1.1.3 注射方法：先以 75% 酒精消毒术部，然后皮内注射定量的牛型结核分枝杆菌 PPD，注射后局部应出现小泡，如对注射有疑问时，应另选 15cm 以外的部位或对侧重作。

1.1.4 注射次数和观察反应：皮内注射后经 72h 判定，仔细观察局部有无热痛、肿胀等炎性反应，并以卡尺测量皮皱厚度，作好详细记录。对疑似反应牛应立即在另一侧以同一批 PPD 同一剂量进行第二回皮内注射，再经 72h 观察反应结果。对阴性牛和疑似反应牛，于注射后 96h 和 120h 再分别观察一次，以防个别牛出现较晚的迟发型变态反应。

1.2 结果判定如下

阳性反应：局部有明显的炎性反应，皮厚差大于或等于 4.0mm。

疑似反应：局部炎性反应不明显，皮厚差大于或等于 2.0mm，同时小于 4.0mm。

阴性反应：无炎性反应。皮厚差在 2.0mm 以下。

凡判定为疑似反应的牛只，于第一次检疫 60d 后进行复检，其结果仍为疑似反应时，经 60d 再复检，如仍为疑似反应，应判为阳性。

2 牛型提纯结核菌素与禽型提纯结核菌素皮内变态反应对比试验

2.1 操作方法

与牛型提纯结核菌素皮内变态反应试验相同，只是禽型提纯结核菌素的剂量为每头 0.1ml，含 0.25 万 IU。即将禽型提纯结核菌素稀释成每毫升含 2.5 万 IU 后，皮内注射 0.1ml。

2.2 结果判定

2.2.1 对牛型提纯结核菌素的反应为阳性（局部有明显的炎性反应，皮厚差大于或等于 4.0mm），并且对牛型提纯结核菌素的反应大于对禽型提纯结核菌素的反应，二者皮差在 2.0mm 以上，判为牛型提纯结核菌素皮内变态反应试验阳性。

对已经定性为牛型结核分枝杆菌感染的牛群。其中即使少数牛的皮差在 2.0mm 以下，甚至对牛型提纯结核菌素的反应略小于对禽型提纯结核菌素的反应（反应差小于或等于 2.0mm），只要对牛型提纯结核菌素的反应在 2.0mm 以上，也应判定为牛型提纯结核菌素皮内变态反应试验阳性牛。

2.2.2 对禽型提纯结核菌素的反应大于对牛型提纯结核菌素的反应，两者的皮差在2.0mm 以上，判为禽型提纯结核菌素皮内变态反应试验阳性。对已经定性为副结核分枝杆菌或禽型结核分枝杆菌感染的牛群。其中即使少数牛的皮差在2.0mm 以下，甚至对禽型提纯结核菌素的反应略小于对牛型提纯结核菌素的反应（不超过2.0mm），只要对禽型提纯结核菌素的反应在2.0mm 以上，也应判为禽型提纯结核菌素皮内变态反应试验阳性牛。

2.2.3 对进出口牛的检疫，以上任何一种菌素皮差超过2mm 以上（或局部有一定炎性反应），均认为不合格。

附录 3

PPD-ELISA 试验方法

1. 用 0.01mol/L、pH 9.6 的碳酸盐缓冲液将 PPD 稀释成 30μg/ml，用加样器每孔加入 100μl，37℃温育 3h，于 4℃冰箱中过夜；

2. 次日甩去包被液，用洗涤液洗涤 3 次，每次 3min（以下简称 3×3min 洗涤）；

3. 将待检的样品适当稀释后，每孔加入 100μl，37℃温育 40min，3×3min 洗涤；

4. 将酶结合物用 0.05% BSA-PBST 液稀释至工作浓度，每孔加入 100μl，37℃温育 40min，3×3min 洗涤；

5. 加入新鲜配制的底物 OPD 100μl，37℃湿盒避光作用 30min。

6. 加入中止液 50μl，中止反应，以酶联免疫监测仪，以波长 490nm 测定 OD 值，同时设定标准阴性、标准阳性及空白对照。被检样品的 OD 值/标准阴性样品的 OD 值≥2.0 时，判定样品为阳性。

参考文献

［1］中华人民共和国动物防疫法．1997

［2］蔡宝祥．家畜传染病学．北京：中国农业出版社，1999

［3］中华人民共和国国家标准 GB 19489—2004 实验室生物安全通用要求

［4］中华人民共和国国家标准 GB/T 18645—2002 牛型分枝杆菌 PPD（提纯蛋白衍生物）皮内变态反应试验（即牛提纯结核菌素皮内变态反应试验）

［5］中华人民共和国国家标准 GB 16548—1996 畜禽病害肉尸及其产品无害化处理规程

［6］中华人民共和国国家标准 GB 16568—1996 奶牛场卫生及检疫规范

［7］金璐娟．两种方法检测奶牛结核的比较．吉林农业大学学报，1991，19（2）：77～89.

［8］刘思国．牛结核病研究进展．畜牧兽医科技信息，2003，10：11～15

［9］王培军．奶牛结核病检疫中的几点注意事项．中国动物检疫，2000，17（1）：38～39

［10］Dunn JR, Kaneene JB, Grooms DL, et al. Effects of positive results for *Mycobacterium avium* subsp paratuberculosis as determined by microbial culture of feces or antibody ELISA on results of caudal fold tuberculin test and interferon-gamma assay for tuberculosis in cattle. J Am Vet Med Assoc. 2005 Feb 1, 226 (3): 429～435

［11］Fischer EA, van Roermund HJ, Hemerik L, et al. Evaluation of surveillance strategies for bovine tuberculosis (*Mycobacterium bovis*) using an individual based epidemiological model. Prev Vet Med. 2005 Mar 15, 67 (4): 283～301

［12］Fraguas SA, Cunha-Abreu MS, Marassi CD, et al. Use of ELISA as a confirmatory test for bovine tuberculosis at slaughter. Prev Vet Med. 2006 Mar 13

［13］Palmer MV, Waters WR, Thacker TC, et al. Effects of different tuberculin skin-testing regimens on gamma interferon and antibody responses in cattle experimentally infected with

Mycobacterium bovis. Clin Vaccine Immunol. 2006 Mar, 13 (3): 387 ~394

[14] Parra A, Garcia A, Inglis NF, et al. An epidemiological evaluation of *Mycobacterium bovis* infections in wild game animals of the Spanish Mediterranean ecosystem. Res Vet Sci. 2006 Apr. 80 (2): 140 ~146. Epub 2005 Jul 19

[15] Ryan T J, Buddle B M, de Lisle G W. An evaluation of the gamma interferon test for detecting bovine tuberculosis in cattle 8to 28 days after tuberculin skin testing. Res Vet Sci, 2000, 69 (1): 57 ~61

[16] Amadori M, Lyashchenko K P, Gennaro M L, et al. Use of recombinant proteins in antibody tests for bovine tuberculosis. Vet Microbiol, 2002, 85 (4): 379 ~389.

[17] Surujballi OP, Romanowska A, Sugden EA, et al. A fluorescence polarization assay for the detection of antibodies to *Mycobacterium bovis* in cattle sera. Vet Microbiol, 2002, 87 (2): 149 ~157

[18] Rhodes SG, Gavier-Widen D, Buddle BM, et al. Antigen Specificity in Experimental Bovine Tuberculosis. Infect Immun, 2000, 68 (5): 2573 ~2578

[19] Ritelli M, Amadori M, Tagliabue S, et al. Use of a macrophage cell line for rapid detection of *Mycobacterium bovis* in diagnostic samplesp. Vet Microbiol, 2003, 94 (2): 105 ~ 120

[20] Roring S, Hughes MS, Skuce RA, et al. Simultaneous detection and strain differentiation of *Mycobacterium bovis* directly from bovine tissue specimens by spoligotyping. Vet Microbiol, 2000, 74 (3): 227 ~236

新城疫病毒资源
分离鉴定技术规程

起草单位：中国兽医药品监察所

前 言

　　新城疫病毒属于副黏病毒科副黏病毒属，新城疫病毒引起急性、热性、败血型和高度传染性的疾病。特征是高热、呼吸困难、下痢和出现神经症状，因其传播快、危害大、死亡率高，OIE 将其列为 A 类疫病，我国将其列为一类动物传染病。

　　鸡新城疫病毒的检测是对其进行保存、评价和利用的前提条件，是确保微生物资源保藏质量的基本保障。制定本规程的目的是为保证鸡新城疫病毒资源的质量，规范鸡新城疫病毒的检测。

　　本规程是由国家自然科技资源平台建设项目提出，在综合国内外科研成果的基础上，参考 OIE《Manual of Diagnostic Tests and Vaccines for Terrestrial Animals》. 2004；American Association of Avian Pathologists《A Laboratory Manual for the Isolation and Identification of Avian Pathogens》，Fourth Edition. 1998，并结合我国现有鸡新城疫诊断国家质量标准、动物卫生法规及农业部对鸡新城疫的相关政策和措施制定的。

　　本规程起草单位：中国兽医药品监察所。

　　本规程主要起草人：康孟佼、杨承槐、陈敏、王秋娟等。

目　次

新城疫病毒资源分离鉴定技术规程

1 范围

本规程规定了新城疫病毒的实验室检测程序和方法。

本规程适用于禽及其产品、相关病料及培养物中新城疫病毒的检测。

2 规范性引用文件

下列文件中的条款通过本标准的引用而成为本标准的条款。凡是注日期的引用文件，其随后所有的修改单（不包括勘误的内容）或修订版均不适用于本标准，鼓励根据本标准达成协议的各方，研究是否使用这些文件的最新版本。凡是不注日期的引用文件，其最新版本适用于本标准。

GB 19489—2004　实验室生物安全通用要求

GB 6682—92　分析实验室用水规格和试验方法

GB 16550—1996　新城疫检疫技术规范

3 术语和定义

下列术语、定义、缩略语和符号适用于本规程。

3.1　新城疫病毒（Newcastle disease virus）

新城疫病毒属于副黏病毒科副黏病毒属，新城疫病毒引起急性、热性、败血型和高度传染性的疾病。特征是高热、呼吸困难、下痢和出现神经症状，因其传播快、危害大、死亡率高，OIE 将其列为 A 类疫病，我国将其列为一类动物传染病。

3.2　无特定病原体（SPF）

3.3　新城疫（ND）

3.4　血凝试验（HA）

3.5　血凝抑制试验（HI）

3.6　鸡胚平均死亡时间（MDT）

3.7　脑内致病指数（ICPI）

3.8　静脉接种致病指数（IVPI）

3.9　反转录－聚合酶链式反应（RT-PCR）

3.10　磷酸盐缓冲盐溶液（PBS）

4 病毒的分离与鉴定

新城疫病毒属于我国一类动物病原微生物，各种操作应在 BSL-3 和 ABSL-3 进行，实验室条件和操作要求按照《病原微生物实验室生物安全管理条例》（国务院第 424 条令）、《兽医实验室生物安全管理规范》（2003 年农业部 302 号公告）和 GB 19489—2004《实验室生物安全通用要求》执行。

4.1 样品的采集与处理

4.1.1 死禽样品

脏器组织：肺、脾脏、小肠、脑、肝脏等。

4.1.2 活禽样品

气管拭子或泄殖腔拭子。

4.1.3 样品处理

脏器样品处理：取样品于灭菌的玻璃研磨器研磨，用含有抗生素的PBS（pH值7.0～7.4）配成悬液，抗生素的终浓度应为青霉素2 000IU/ml，链霉素2mg/ml或者卡那霉素50mg/ml，制霉菌素1 000U/ml）。

拭子处理：采集的拭子用含有抗生素的PBS（pH 7.0～7.4）浸泡后，反复挤压至无水渗出，弃之，溶液中抗生素的终浓度应为青霉素2 000IU/ml，链霉素2mg/ml或者卡那霉素50mg/ml，制霉菌素1 000U/ml，如为泄殖腔拭子，抗生素浓度应再提高5倍。

取组织悬液、拭子渗出液至离心管内，以3 000r/min离心10min，取上清液备用。

抗生素与样品37℃作用1h，再1 000r/min离心10min，取上清0.1ml经尿囊腔接种9～11日龄SPF鸡胚。

4.1.4 样品的存放与运送

采集或处理的样品在2～8℃条件下保存应不超过24h；如果需长期保存，需放置－70℃条件，但应避免反复冻融（最多冻融3次）。采集的样品密封后，放在加冰块的保温桶内，尽快送往实验室。

4.2 病毒分离

4.2.1 取9～11日龄发育良好的SPF鸡胚，每个样品接种3～5枚，每枚尿囊腔内接种0.1ml，35～37℃条件下孵化4～7d。

4.2.2 去除24h死亡胚，以后每4h照一次胚，死亡胚及收获鸡胚放在4℃条件下冷却4h或过夜。收获死亡的鸡胚和活胚的尿囊液，3 000r/min离心5min去除血细胞，做血凝试验。如果收取的尿囊液没有血凝价，继续传2代；如果有血凝活性，通过血凝抑制试验确定分离的病毒。

4.3 病毒的血凝性鉴定（HA试验）

4.3.1 材料

96孔V型板；0.01M PBS（pH 7.0～7.2）；红细胞采自SPF鸡并悬于等体积的阿氏液中，用PBS洗3次，配成1%（细胞压积v/v）悬液（附录1）；阴性抗原；阳性抗原。

4.3.2 方法

4.3.2.1 在96孔V型板上，每孔加0.025ml PBS。

4.3.2.2 加0.025ml病毒悬液在第1孔。

倍比稀释，从第1孔转移0.025ml至下一孔，最后的0.025ml弃去（稀释倍数依次为2、4、8、16、32……）。

每孔再加入0.025ml PBS。

4.3.2.3 每孔加入1%鸡红细胞悬液0.025ml，并设不加样品的红细胞对照孔，立即在微量振荡器上摇匀，置37℃，20min后观察结果，对照红细胞呈明显的纽扣状。

4.3.2.4 判定血凝时，可将板倾斜，观察红细胞有无呈泪珠状流淌，完全血凝（不流淌）的最高稀释倍数作为判定终点。

4.3.2.5　证明尿囊液样品具有血凝活性后，需确定病毒种类。通常新城疫、禽流感、禽腺病毒等都具有血凝性，通过 HI 试验来鉴定，如果抗 NDV 等的血清能够抑制 HA，证明有该病毒存在。

表1　96孔微量板法测定凝集价 (单位：ml)

	孔号									对照
	1	2	3	4	5	6	7	8	……	
稀释倍数	2	4	8	16	32	64	128	256	……	
PBS	0.025	0.025	0.025	0.025	0.025	0.025	0.025	0.025	弃 0.025	0.025
病毒液	0.025	0.025	0.025	0.025	0.025	0.025	0.025	0.025		
1% 鸡红细胞悬液	0.025	0.025	0.025	0.025	0.025	0.025	0.025	0.025	……	0.025
PBS	0.025	0.025	0.025	0.025	0.025	0.025	0.025			0.025

4.4　血凝抑制试验（HI 试验）

4.4.1　对照病毒凝集价测定

在 96 孔微量板按表 1 进行。用 PBS 溶液将血凝素（即对照病毒）稀释成不同倍数，加入 1% 鸡红细胞悬液，再加入与抑制试验中血清量相等量的 PBS 溶液。将 96 孔微量板在振荡器上摇匀，置于室温（20℃），40min 后判定结果，完全血凝（不流淌）的最高稀释倍数代表一个血凝单位。

4.4.2　4 单位病毒液的配制

如果对照病毒的凝集价测定结果为 1：1 024（举例），4 个血凝单位（即 4HA）= 1 024/4 = 256（即 1：256）。取 PBS 溶液 9ml，加血凝素 1ml，即成 1：10 稀释度，将 1：10 稀释度 1ml 加入到 PBS 溶液 24.6ml 中，使最终浓度为 1：256。

4.4.3　检验

检查 4HA 的血凝价是否准确，应将配制的 1：256 倍稀释液在微量板上倍比稀释为 1：2、1：4、1：8。将每一稀释度的液体 0.025ml 加入 1% 鸡红细胞悬液 0.025ml，再加入 PBS 0.025ml。混匀。

将血凝板在室温下放置 20～40min 后，如果配制的抗原为 4HA，则 1：4 稀释度将给出 100% 凝集终点；如果 4HA 高于 4 个单位，可能 1：8 为终点；如果较低，可能 1：2 为终点。应根据检验结果适当调整。使工作液确为 4HA。

4.4.4　HI 方法

4.4.4.1　分别加入 0.025ml PBS 到每孔中。

4.4.4.2　加 1：10 稀释的血清 0.025ml 到第 1 孔中，倍比稀释，从第 1 孔转移 0.025ml 至下一孔，最后的 0.025ml 弃去（稀释倍数依次为 2、4、8、16、32 ……）。

4.4.4.3　加 0.025ml 分离 4 单位病毒到稀释的血清孔中。

4.4.4.4　在红细胞对照孔中加 0.025ml PBS，作为红细胞细胞对照。在病毒对照孔中加 25μl 4 单位标准对照抗原。

4.4.4.5　将平板置于振荡器上振荡 30s，置 37℃ 静置 15min。

4.4.4.6　每孔再加入 0.025ml 1% 鸡红细胞悬液。

4.4.4.7　将平板置于振荡器上振荡 30s，置 37℃ 静置 20min。

4.4.4.8 判定结果，对照红细胞将呈显著纽扣状。记录 HI 滴度。

表2　96孔微量板法测定凝集抑制价　　　　　　（单位：ml）

	孔号									红细胞对照	病毒对照
	1	2	3	4	5	6	7	8	……		
稀释倍数	2	4	8	16	32	64	128	256	……		
PBS	0.025	0.025	0.025	0.025	0.025	0.025	0.025	0.025		0.050	0.025
血清	0.025	0.025	0.025	0.025	0.025	0.025	0.025	0.025	弃0.025		
4单位病毒液	0.025	0.025	0.025	0.025	0.025	0.025	0.025	0.025	……		0.025
1%鸡红细胞悬液	0.025	0.025	0.025	0.025	0.025	0.025	0.025	0.025	……	0.025	0.025

4.4.5　结果判定

若抗原抗体反应发生，红细胞凝集会被抑制。"＋"为凝集，"＋／－"为部分反应，"－"为凝集抑制，HI 滴度是完全抑制血凝的抗血清的最大稀释度。

4.4.6　待检病毒的测定

按照以上方法，对待检病毒液测定对相同血清的 HI 滴度，如待检病毒液所表现的凝集抑制价与已知病毒测定的凝集抑制价相同或很接近，则可以判定未知病毒为 NDV。

4.4.7　注意事项

为了准确地进行分离株的鉴定，应严格遵循以下原则。

4.4.7.1　标准抗原稀释液浓度必须为 4 个 HA 单位/0.025ml，必须每天制备并滴定。

4.4.7.2　孵育时间要严格控制；红细胞对照完全沉淀时要迅速判读；在一些病毒株中可见红细胞从病毒中解脱，如果有这种情况的发生，要提前判定或在 4℃下孵育。

4.4.7.3　红细胞悬液要始终符合标准。

4.4.7.4　反应试剂要按规定保存和使用。为避免反复冻融和细菌污染，应以无菌操作将试剂分装成小包装。

4.4.7.5　冻干的试剂应按照说明书中规定的体积重新溶解并保存。

4.4.7.6　要避免杂菌污染，因为污染所造成的非新城疫病毒源的凝集素也可与所有抗原血清发生非特异反应。

4.5　病毒致病力的测定

4.5.1　MDT（鸡胚平均死亡时间）测定

MDT 测定方法如下。

4.5.1.1　用生理盐水将新收获的尿囊液连续做 10 倍稀释至 $10^{-6} \sim 10^{-9}$。

4.5.1.2　每一个稀释度接种 5 个 9～10 日龄的 SPF 鸡胚，尿囊腔接种 0.1ml，置于 37℃ 孵育。

4.5.1.3　余下的病毒稀释液放于 4℃ 保存，8h 后，每个稀释度再另外接种 5 个鸡胚，置于 37℃ 孵育。

4.5.1.4　每日照蛋 2 次，记录每个鸡胚的死亡时间（h）。

4.5.1.5　最小致死量是指能引起鸡胚死亡的最大稀释度。

4.5.1.6　MDT 是指最小致死量引起全部鸡胚死亡的平均时间。

4.5.1.7 判定标准详见表3。

4.5.2 ICPI（脑内致病指数）测定

ICPI测定方法如下。

4.5.2.1 用生理盐水1:10稀释收获的尿囊液（切忌使用抗生素，以防静脉接种鸡后带有高浓度抗生素）。在进行ICPI测定前，必须用细菌培养基检测可疑菌。

4.5.2.2 脑内接种出壳24~40h之间的SPF雏鸡10只，每只接种0.05ml。

4.5.2.3 每24h观察一次，共观察8d。

4.5.2.4 每天观察都给鸡记分：正常为0分；发病为1分；死亡为2分，每只死鸡在其后的每日观察中仍记2分，ICPI是每只鸡8d内所有每次观察数值的平均数。

4.5.2.5 判定标准详见表3。

4.5.3 IVPI（静脉致病指数）测定

IVPI测定方法如下。

4.5.3.1 用生理盐水稀释收获尿囊液（切忌使用抗生素，以防静脉接种鸡后带有高浓度抗生素）。在进行IVPI测定前，必须用细菌培养基检测可疑菌。

4.5.3.2 6周龄SPF鸡10只，各静脉接种0.1ml的病毒稀释液，2只同样鸡只接种0.1ml稀释液作为对照。

4.5.3.3 接种24h后观察鸡的临床症状10d以上。

4.5.3.4 每次观察后作如下记录。

鸡正常，标记为0；如发病，则标记为1；严重发病，则标记为2；死亡则标记为3（发病和严重发病是对临床症状的主观评估）。严重发病鸡表现为神经症状和瘫痪。对死亡鸡在其后的每次观察中都记录为3。IVPI是10d中每天对每只鸡观察的平均分。指数3意味着所有鸡均于24h内死亡。指数0意味着10d内所有鸡未表现任何临床症状。

4.5.3.5 判定标准详见表3。

4.5.4 结果统计

表3 致病性指数与病毒致病型的判定

病毒型	MDT（h）	ICPI	IVPI
嗜内脏强毒力型	<60	1.5~2.0	2.0~3.0
嗜神经强毒力型	<60	1.5~2.0	2.0~3.0
中等毒力型	60~90	1.0~1.5	0.0~0.5
温和型	>90	0.2~0.5	0
无症状型	>90	0.0~0.2	0

4.5.5 注意事项

所有操作应在ABSL-3级实验室中进行。

4.6 RT-PCR检测方法

RT-PCR试验通过检测病毒核酸而确定病毒存在，是一种敏感特异的检测方法，序列测定后可准确区分毒株；为提高灵敏度，还可进一步进行套式反应。

本试验适用于配备PCR仪和具备相应实验条件的实验室采用。

本试验要求所用试剂用无 RNA 酶污染的容器（DEPC 水处理后高压灭菌）分装；Eppendorf 管和带滤芯吸头必须无 RNA 酶污染；剪刀、镊子、研钵必须经 121℃±2℃ 15min 高压灭菌并烘干。

本实验严格要求样品处理在样本制备区进行，混合物配制在扩增反应混合物配制区进行，RT-PCR 在检测区进行（见附录 2）。

4.6.1　材料准备

4.6.1.1　样品制备

（1）组织、细胞的处理　把采集到的病料，剪碎研磨，加入灭菌生理盐水配成 1∶10 的悬液，冻融 3 次后 8 000g 离心，取上清液。−20℃保存。

（2）病毒的纯化　病毒接种 9 日龄鸡胚，收集尿囊液经差速离心，4 000r/min 和 8 000r/min 分别离心 30min 后，取上清液，加入 20% PEG 8 000 和 2% NaCl，4℃沉淀过夜，10 000r/min 离心 30min 后弃上清液，即获得浓缩的病毒样品。

4.6.1.2　RNA 提取

（1）取 1.5ml Eppendorf 管，每管加入 1 000μl Trizol 和被检病毒样品 200μl，充分混匀，室温静置 5min。同时设阴阳性对照，每份样品换用一个吸头。

（2）再加入 200μl 氯仿，振荡或手摇充分混匀，室温静置 3~5min 后于 2~8℃、12 000g 离心 15min。

（3）取上清 500μl（不应吸出中间层）转移至新管中，加等量异丙醇，颠倒混匀，室温静置 10min，于 2~8℃、12 000g 离心 10min（Eppendorf 管开口保持朝离心机转轴方向放置）。

（4）小心倒去上清，倒置于吸水纸上，沾干液体（不同样品需在吸水纸不同地方沾干）；加入 1 000μl 75% 乙醇（用 DEPC 水配置），颠倒洗涤，2~8℃、10 000g 离心 5~10min（Eppendorf 管开口保持朝离心机转轴方向放置）。

（5）小心倒去上清，倒置于吸水纸上，尽量沾干液体（不同样品需在吸水纸不同地方沾干）。

（6）4 000g 离心 10s（Eppendorf 管开口保持朝离心机转轴方向放置），将管壁上的残余液体甩到管底部，小心倒去上清液，用移液枪将其吸干，每份样品换用一个吸头，吸头不要碰到有沉淀的一面，室温干燥，但不能过于干燥。

（7）加入 10μl DEPC 水和 1μl RNasin（10U），轻轻混匀，溶解管壁上的 RNA，2 000g 离心 5s，冰上保存备用。提取的 RNA 应在 2h 内进行试验；长期保存须置 −70℃以下。

4.6.1.3　引物

P1：5′—GTG AAT TCT TGA TGG CAG GCC TCT TGC—3′；

P2：5′—GTA AGC TTG GAG GAT GTT GGC AGC ATT—3′；

这对引物能针对所有的 NDV（包括强毒株与弱毒株）扩增出 362bp 的片断。

用 DEPC 水配成 0.1~0.5μm，−20℃保存。

4.6.1.4　RT 液　5×Buffer 4μl，2μl DTT，1μl dNTP，1μl 反转录酶（100U），0.5μl RNasin（10U）。

4.6.1.5　PCR 液　10×Buffer 5μl，P1 1μl，P2 1μl，dNTP 2μl，Taq 酶 2μl（2.5U）。

4.6.2　试验操作

4.6.2.1　cDNA 合成

（1）取 200μl Eppendorf 管，每管加 10μl RNA 和 1.5μl P2，65℃预变性 10min。

（2）加入 8.5μl RT 液，按 42℃ 60min、70℃ 15min 反转录。

4.6.2.2　PCR

（1）取 200μl Eppendorf 管，每管加 10μl cDNA 和 29μl H_2O，95℃预变性 5min。

（2）加入 11μl PCR 液，按 94℃/1min，57℃/1min，72℃/1min40s 进行 35 个循环；最后再 72℃延伸 10min。

（3）每管取 5～10μl 进行琼脂糖凝胶电泳，出现 362bp 的目标条带，可判为阳性。

4.6.2.3　序列测定

将 PCR 产物与 pGEM-T 质粒载体用 T4DNA 连接酶于 4℃连接过夜，再转化至感受态大肠杆菌 DH5a 中，转化菌用涂布 X-gal、IPTG 的 LB 平板进行筛选，挑取白色菌落接种于 2ml LB 液体培养基中，提取质粒作酶切鉴定。将鉴定为阳性的克隆进行序列测定。

附录 1

试剂配制

1　pH 7.4　0.1M 磷酸缓冲液（PBS）

$Na_2HPO_4 \cdot 12H_2O$　28.94g，KH_2PO_4　2.61g，去离子水　1 000ml。

使用时取上述贮存液 100ml，加入 NaCl 8.5g，加去离子水至 1 000ml，即为 pH 7.4 0.01M PBS。

2　红细胞保存液（阿氏液）

NaCl　4.2g，枸橼酸钠　8.0g，枸橼酸　0.55g，葡萄糖　20.5g，加去离子水 1 000ml，经 121℃高压灭菌 15min，置 4℃保存备用。

3　1%鸡红细胞制备方法

用灭菌注射器吸取 3.8%枸橼酸钠溶液（其量为所需血液量的 1/5），从鸡翅静脉抽血至需要血量，置灭菌离心管内，加灭菌 PBS 为抗凝血的 2 倍，以 2 000r/min 离心 10min，弃上清液，再加 PBS 悬浮成血球，离心沉淀，同上将红细胞洗涤 3 次，用阿氏液配成 1%悬液。

4　1%琼脂糖

在 100ml 1 倍 TBE 中加入 1g 琼脂糖，热水浴或微波炉加热至溶解。

5　10 倍 TBE 缓冲液

Tris 107.8g，硼酸 55.0g，EDTA（Na_2）8.2g，溶于 1L 去离子水。检查 pH 值，如果 pH 值不符合 8.3±0.3，则重新配制。不要调 pH 值，因为离子浓度的改变可影响 DNA 在凝胶中的迁移。

6　电泳加样缓冲液

溴酚兰	0.25	g
甘油	30.0	ml
双蒸水	70.0	ml

附录 2

新城疫病毒 RT-PCR 检测方法的实验室规范

1 实验室设置要求

实验室设置要求如下：

——实验室分为三个相对独立的工作区域：样本制备区、扩增反应混合物配制区和检测区；

——工作区域须有明确标记，避免不同工作区域内的设备、物品混用；

——每一区域须有专用的仪器设备；

——各区域的仪器设备须有明确标记，以避免设备物品从各自的区域内移出，造成不同的工作区域间设备物品发生混淆；

——进入各个工作区域严格遵循单一方向顺序，即只能从样本制备区、扩增反应混合物配制区至检测区；

——实验室清洁时应按样品制备区、扩增反应混合物配制区至检测区的顺序进行；

——不同的实验区域应有其各自的清洁用具以防止交叉污染；

——在不同的工作区域应使用不同颜色或有明显区别标志的工作服，以便于鉴别；离开工作区时，不得将各区特定的工作服带出；

——整个实验过程中均须使用无 RNA 酶的一次性耗材，玻璃器皿使用前须 250℃ 干烤 4h 以上，以彻底去除 RNA 酶。

2 工作区域仪器设备配置

2.1 样本制备区

样本制备区需配置如下仪器设备：

——2~8℃冰箱；

——–20℃冰箱；

——高速台式冷冻离心机（4℃，12 000g）；

——涡旋器；

——微量加样器（0.5~10μl，5~20μl，20~200μl，200~1 000μl）；

——可移动紫外灯（近工作台面）。

2.2 反应混合物配制区

样本制备区需配置如下仪器设备：

——2~8℃冰箱；

——–20℃冰箱；

——台式离心机（3 000g）；

——涡旋器；

——微量加样器（0.5~10μl，5~20μl，20~200μl，200~1 000μl）；

——可移动紫外灯（近工作台面）。

2.3 检测区

检测区需配置如下仪器设备：

—— PCR 仪/荧光 PCR 仪（配计算机）；

—— 移动紫外灯；

—— 打印机。

3 各工作区域功能及注意事项

3.1 样本制备区

样本制备区的功能及注意事项如下：

—— 标本的保存，核酸提取、贮存及其加入至扩增反应管在样本制备区进行；

—— 避免在本区内不必要的走动。可在本区内设立正压条件以避免邻近区的气溶胶进入本区造成污染。为避免样本间的交叉污染，加入待测核酸后，必须立即盖严含反应混合液的反应管；

—— 用过的加样器吸头必须放入专门的消毒（例如：含次氯酸钠溶液）容器内。实验室桌椅表面每次工作后都要清洁，实验材料（原始样本、提取过程中样本与试剂的混合液等）如出现外溅，必须做清洁处理并作出记录；

—— 对实验台进行适当的紫外照射（254nm 波长，与工作台面近距离）有利于避免污染。工作后通过移动紫外线灯管来确保对实验台面的充分照射。

3.2 反应混合物配制区

反应混合物配制区功能及注意事项如下：

—— 试剂的分装和反应混合液的制备在本区进行；

—— 用于标本制备的试剂应直接运送至反应混合物配制区，不能经过检测区，在打开含有反应混合液的离心管或试管前，应将其快速离心数秒；

—— 在整个本区的实验操作过程中，操作者必须戴手套，并经常更换。工作结束后必须立即对工作区进行清洁。本工作区的实验台表面应可耐受诸如次氯酸钠等的化学物质的消毒清洁作用。实验台表面用可移动紫外灯（254nm 波长）进行照射。

3.3 检测区

检测区功能及注意事项如下：

—— RT-PCR 扩增及扩增片段的分析在本区内进行；

—— 本区注意避免通过本区的物品及工作服将扩增产物带出。为避免气溶胶所致的污染，应尽量减少在本区内的走动；

—— 完成操作及每天工作后都必须对实验室台面进行清洁和消毒，紫外照射方法与前面区域相同。如有溶液溅出，必须处理并作出记录。本区的清洁消毒和紫外照射方法同前面区域。

参考文献

[1] 中华人民共和国农业部．中华人民共和国兽用生物制品规程．2000 年版．北京：化学工业出版社，2000

[2] B. W. 卡尔尼克．禽病学．第十版．北京：中国农业出版社，1999

[3] 殷震，刘景华．动物病毒学．第二版．北京：科学出版社，1997

［4］ 白文彬，于康震．动物传染病诊断学．北京：中国农业出版社，2002

［5］ 于大海，崔砚林．中国进出境动物检疫规范．北京：中国农业出版社，1997

［6］ GB 16550—1996 新城疫检疫技术规范

［7］ OIE Manual of Diagnostic Tests and Vaccines for Terrestrial Animals，2004

［8］ American Association of Avian Pathologists. A Laboratory Manual for the Isolation and Identification of Avian Pathogens. Fourth Edition，1998

［9］ Allan W H, Gang R E. A standard hemagglutination inhibition test for Newcastle disease. Vet Rec，1974，95：120～123

［10］ Liu X, Zhang R, Yu S. Development of polyethylene Glyool medicated ELISA based on monoclonal antibodies against NDV for the detecting of viral antigens in chicken specimen. J G Viral，1997，62～72

［11］ Annela. Newcastle disease virus detection and characterization by PCR of recent German isolates different in pathogenicity. Avian Pathol，1998，27：237～243

鸡传染性支气管炎病毒资源
检测技术规程

起草单位：中国农业科学院哈尔滨兽医研究所
中 国 兽 医 药 品 监 察 所

前　言

　　鸡传染性支气管炎是目前包括我国在内的世界范围内广泛流行的一种高度接触性传染病。不但会引起鸡只死亡，而且该病的感染可导致鸡群生产性能下降，包括产蛋鸡产蛋量和蛋的品质下降，肉鸡饲料转化率降低。常继发或并发其他细菌性病原微生物的感染，导致死淘率增加，还常被漏诊、误诊。其病原是冠状病毒科冠状病毒属抗原3群的鸡传染性支气管炎病毒引起，该病毒血清型较多，新的变异株不断出现，加上不适当的免疫程序，常导致免疫失败，使其不能得到有效控制，给养鸡业造成巨大损失。世界动物卫生组织（OIE）将其列为B类疫病，我国将其列为二类动物疫病，是家禽最重要的呼吸道传染病之一。

　　鸡传染性支气管炎病毒的检测是对其进行保存、评价和利用的前提条件，是确保微生物资源保藏质量的基本保障。制定本规程的目的是为保证鸡传染性支气管炎病毒资源的质量，规范鸡传染性支气管炎病毒的检测。

　　本规程是由国家自然科技资源平台建设项目提出，在综合国内外科研成果的基础上，参考OIE《陆生动物诊断试验和疫苗标准手册》（2004）、《禽病原分离和鉴定手册》（1998），并结合我国现有鸡传染性支气管炎诊断国家质量标准、动物卫生法规及农业部对鸡传染性支气管炎的相关政策和措施制定的。

　　本规程起草单位：中国农业科学院哈尔滨兽医研究所，中国兽医药品监察所。

　　本规程主要起草人：刘胜旺、韩宗玺、孙建宏、王杰、王笑梅、陈敏、孔宪刚。

目　次

鸡传染性支气管炎病毒资源检测技术规程

1 范围

本规程规定了鸡传染性支气管炎病毒的实验室检测程序和方法。

本规程适用于禽及其产品、培养物及生物制品中鸡传染性支气管炎病毒的检测。

2 规范性引用文件

下列文件中的条款通过本规程的引用而成为本规程的条款。凡是注日期的引用文件，其随后所有的修改单（不包括勘误的内容）或修订版均不适用于本规程，但鼓励根据本规程达成协议的各方，研究是否使用这些文件的最新版本。凡是不注日期的引用文件，其最新版本适用于本规程。

GB 19489—2004　实验室生物安全通用要求；

GB 6682—92　分析实验室用水规格和试验方法；

GB/T 18088—2000　出入境动物检疫采样；

NY/T 541—2002　动物疫病实验室检测采样方法；

SN/T 1255—2003　入境动物检验检疫标准编写的基本规定；

SN/T 1221—2003　鸡传染性支气管炎抗体检测方法琼脂免疫扩散试验。

3 术语、定义、缩略语和符号

下列术语、定义、缩略语和符号适用于本规程。

3.1　鸡传染性支气管炎病毒（Chicken infectious bronchitis virus，IBV）

鸡传染性支气管炎病毒属于冠状病毒科冠状病毒属抗原3群的成员。根据传染性支气管炎病毒致病性和临诊症状分为呼吸型、肾型、肠型等。所有致病性均表现呼吸道临床症状，其中，致肾脏病变型传染性支气管炎通常引起较严重的肾脏病变包括肾脏肿大、尿酸盐沉积、衰竭死亡等，危害大、死亡率较高。

3.2　琼脂扩散试验（Agar gel precipitin，AGP）

3.3　血凝试验（Hemagglutination，HA）

3.4　羟乙基哌嗪乙硫磺酸（N-2-hydroxyethylpiperazine-N-ethane-sulphonic acid，HEPES）

3.5　血凝抑制试验（Hemagglutination inhibition，HI）

3.6　磷酸盐缓冲盐溶液（Phosphate buffered saline，PBS）

3.7　反转录-聚合酶链式反应（Reverse transcription- polymerase chain reaction，RT-PCR）

3.8　无特定病原体（Specific pathogen free，SPF）

4 病毒的分离与鉴定

鸡传染性支气管炎病毒属于我国规定的三类动物病原微生物，各种操作要求按照

《病原微生物实验室生物安全管理条例》（国务院第424号令）、《兽医实验室生物安全管理规范》（2003年农业部302号公告）和GB 19489—2004《实验室生物安全通用要求》执行。对该病毒的操作应该在生物安全二级及以上实验室进行。

4.1 样品的采集与处理

4.1.1 死禽样品

肠内容物或取样的泄殖腔拭子、鼻拭子、咽喉拭子。

脏器组织：气管、肾、肺、盲肠、扁桃体、气囊、肠、脾脏、腺胃、脑、肝脏和心脏等。

4.1.2 活禽样品

取样的气管拭子、泄殖腔拭子。由于采样的棉拭子易致幼禽受伤，所以，还可取粪便。通常还取血液样品，分离血清以备进行血清学检测。

4.1.3 样品处理

拭子处理：采集的拭子放入装有1.0ml抗生素PBS（pH值7.0~7.4，含青霉素10 000IU/ml，链霉素10mg/ml）的离心管中，静置作用30min。粪便，用抗生素溶液制成10%~20%（w/v）悬液。在室温作用1~2h后，应尽快处理。粪便和泄殖腔拭子所用抗生素浓度应提高5倍。

脏器样品处理：取样品于灭菌的玻璃研磨器研磨，用PBS配成10%悬液，含1/10体积的抗生素（根据情况抗生素可以选用青霉素2 000IU/ml；链霉素2mg/ml；庆大霉素50μg/ml；制霉菌素1 000IU/ml等）。

取粪便、组织悬液至离心管内，以3 000r/min离心10min，取上清液备用。

4.2 样品的存放与运送

采集或处理的样品在2~8℃条件下保存应不超过24h；如果需长期保存，需放置-70℃条件，但应避免反复冻融（最多冻融3次）。采集的样品密封后，放在加冰块的保温桶内，尽快送往实验室。

4.3 病毒培养

4.3.1 鸡胚培养

取9~11日龄发育良好的SPF胚，每个样品接种3~5枚，每枚尿囊腔内接种0.1~0.2ml，接种前应用0.22μm的一次性滤器过滤除菌。35~37℃条件下孵化3~7d。去除24h死亡胚，以后每天照胚，死亡胚及收获鸡胚放在4℃条件下冷却4h或过夜。收获死亡的鸡胚和活胚的尿囊液，3 000r/min离心5min去除血细胞置-70℃备用。通常情况下，分离的毒株如果不是疫苗毒或者鸡胚驯化毒株，那么该毒株在鸡胚中繁殖第一代不会引起鸡胚的病变。一般情况下将第一代尿囊液经1/5或者1/10稀释后接种SPF鸡胚继续传代至二代或者三代，野毒株通常引起鸡胚畸形（卷曲、发育障碍、羽毛营养失调、胚胎肾脏尿酸盐沉积），有些毒株在传代中可致死鸡胚。一些其他病毒如禽腺病毒致胚胎病变与IBV并无区别。但是，IBV接种的尿囊液不凝集鸡红细胞，最终的鉴定还需要免疫学和分子遗传学方法检测来加以确定。

4.3.2 气管环培养

利用18~20日龄鸡胚，用自动组织斩断器将气管处理成0.5~1mm厚气管环，37℃于含HEPES的DMEM培养基中做旋转培养（15转/h）。接种处理的组织悬液样品24~48h内，感染的气管环上皮细胞脱落，纤毛摆动停止。其他病毒也能引起该病变，因此，

IBV 的鉴定仍然需要免疫学和分子遗传学方法检测来加以确定。

4.4 病毒的鉴定

IBV 病毒的鉴定可通过电镜观察、病毒中和试验、免疫扩散试验等来鉴定病毒，并可通过血凝抑制试验、ELISA 试验等血清学试验进行辅助诊断。最终鉴定则必须经过病毒基因的分型得以确认。

4.4.1 病毒的血凝性鉴定

4.4.1.1 材料 96 孔 V 型板；0.01M PBS（pH 值 7.0~7.2）；红细胞采自 SPF 鸡并悬于等体积的阿氏液，用 PBS 洗 3 次，配成 1%（细胞压积 v/v）悬液；阴性抗原；NDV 阳性抗原。

4.4.1.2 方法

4.4.1.2.1 取少量尿囊液用经过 A 型产气荚膜梭菌或 I 型磷脂酶 C 在 37℃下处理 3h。

4.4.1.2.2 在 96 孔 V 型板上，每孔加 0.025ml PBS。然后再加 0.025ml 经 I 型磷脂酶 C 处理的尿囊液或未处理的病毒悬液或对照抗原在第 1 孔。

4.4.1.2.3 倍比稀释，从第 1 孔转移 0.025ml 至下一孔，最后的 0.025ml 弃去（稀释倍数依次为 2、4、8、16、32 ……）。

4.4.1.2.4 每孔再加入 0.025ml PBS。

4.4.1.2.5 每孔加入 1% 鸡红细胞悬液 0.05ml，并设不加样品的红细胞对照孔，立即在微量振荡器上摇匀，置室温（20℃），40min 后观察结果，对照红细胞呈明显的纽扣状。

4.4.1.2.6 判定血凝时，可将板倾斜，观察红细胞有无呈泪珠状流淌，完全血凝（不流淌）的最高稀释倍数作为判定终点。

如果收取的尿囊液经过胰酶或磷脂酶 C 处理后没有血凝价，继续传 2 代；如果经胰酶或磷脂酶 C 处理的尿囊液有血凝性而未经胰酶或磷脂酶 C 处理的尿囊液没有血凝性，则通过用抗 IBV 特异血清作血凝抑制试验确定分离的病毒。

4.4.2 电镜观察

收集接种了病毒样品的 SPF 鸡胚尿囊液及传代后的尿囊液，经 1 500g 离心 30min，取 1.5ml 上清尿囊液经 12 000g 离心 30min，离心后的沉淀重悬于微量去离子水中经负染相差显微镜进行观察。如果样品中含有 IBV 病毒则通过电镜可观察到典型的冠状病毒的特征性病毒粒子。

4.4.3 病毒中和试验

用病毒中和试验定量检测抗体是经常使用的血清学方法。应用标准阳性血清，可很好地鉴定未知病毒和区分不同血清型的病毒。该试验分两部分，一是病毒中和部分，即经适当稀释的病毒和标准阳性血清混合，在一定温度下作用一段时间；二是用适当的宿主系统（如鸡胚、实验动物、细胞）检测未被中和的残余病毒。在病毒中和试验中，血清样品首先在 56℃ 30min 灭活，将病毒液用 PBS 作 10 倍系列稀释，然后病毒和等体积已知抗体效价的抗 IBV 标准阳性血清混合，在 37℃ 或者室温下孵育 30~60min。该混合液接种于 5~10 枚鸡胚，并用病毒液接种来做平行对照，结果用 Kärber 和 Reed-Muench 方法计算，表示为中和指数（NI）。若该指数达到 4.5~7.0，说明该病毒与已知标准阳性血清的病毒血清型同源性高；若该指数 <1.5，该病毒表示非特异性，其他的异源病毒也同样能达到这个指数；若该指数介于 1.5 和 4.5 之间，那么，说明该病毒与已知标准阳性血清的病毒血清型具有部分同源性。

4.4.4 琼脂扩散沉淀试验（AGP）

常用琼脂扩散沉淀试验（AGP）来检测鸡传染性支气管炎病毒，操作方法如下。

4.4.4.1 抗原制备：抗原可以采取感染鸡胚的尿囊液。尿囊液可以通过超速离心或酸沉淀，后者一般将 1.0mol/L HCl 加入感染的尿囊液至 pH 值4.0，该混合物冰浴作用 1h 后，4℃ 1 000g 离心 10min，沉淀用甘氨酸/肌氨酸缓冲液（含1%十二烷基肌氨酸钠，用0.5M甘氨酸调 pH 值至9.0）悬浮，经0.1%甲醛37℃作用48h后，用作抗原。

4.4.4.2 琼脂板制备：用 0.01M，pH 值 7.2 PBS 配制 0.9% 琼脂，并含 8% NaCl。水浴加热融化，倒入平皿中的厚度为 3mm。琼脂板打孔，中间 1 个，周围 6 个，孔距 3mm，孔直径 5mm。

4.4.4.3 加样：中间孔是标准阳性血清，周围标准阳性抗原一定与被检抗原相邻。每孔中加入 50µl 反应液。

4.4.4.4 静置 4h 后，翻面放置湿盒内，于 37℃ 温箱培养 24~48h，可见沉淀线。

4.4.4.5 结果判定：被检抗原与标准阳性血清间出现沉淀线，并且该线和邻近的标准阳性抗原与血清间的沉淀线相连而不交叉，则该抗原被鉴定为鸡传染性支气管炎病毒。

4.5 血清学试验

血清学试验方法主要用于被检鸡群免疫状态的检测及感染鸡群病毒鉴定的辅助试验方法。

4.5.1 酶联免疫吸附试验（ELISA）

4.5.1.1 试验样品准备

（1）样品处理：被检血清样品、阳性血清样品及阴性血清分别用 PBS 缓冲液 1/10 稀释，其中各取 50µl 用于 ELISA。

（2）IBV 抗原纯化：纯化 IBV 全病毒抗原用接种病毒 48h 后的鸡胚尿囊液，首先进行低速离心尿囊液，取上清以 20 000g 超速离心 90min，用 PBS（pH 7.2）重悬沉淀，将该病毒悬液加样于 25% 的蔗糖溶液上，以 20 000g 超速离心 3h，沉淀重悬于适量 PBS 作为抗原置 -70℃ 备用。

4.5.1.2 试验方法

（1）将制备的抗原用 $NaHCO_3$ 缓冲液（pH 9.6，0.05mol/L）稀释适当浓度后，加入酶联板的小孔中，每孔 100µl，4℃过夜。

（2）PBST 洗涤 3 次，每次 3min。

（3）每孔加入含 5% 小牛血清 PBST 200µl，37℃下封闭 30min。

（4）同（2）洗涤。

（5）每孔加入含 5% 小牛血清 PBST 稀释的被检抗体 100µl，37℃下孵育 1h。

（6）同（2）洗涤。

（7）每孔加入 100µl 用含 5% 小牛血清 PBST 稀释的酶标二抗，37℃下孵育 1h。

（8）同（2）洗涤。

（9）每孔加入 100µl 新配制的底物的溶液，于 37℃下作用 30min。

（10）每孔加入 2mol/L H_2SO_4 50µl，终止反应。随后在酶联仪上测 OD 值，求出阴性对照 OD 值的平均值 N，若样品 OD 值 P≥2N，则视为阳性反应，否则为阴性反应。

4.5.2 HI 试验

HI 试验常用于诊断及疫苗免疫鸡群的常规检测。

4.5.2.1 抗原准备

由于 IBV 病毒经胰酶或磷脂酶 C 处理才能获得血凝性。病毒尿囊液与等体积的商品化磷脂酶 C 混合，使酶终浓度达到 1 U/ml。血凝或血凝抑制最好在 4℃条件下进行。

4.5.2.2 HI 试验

（1）在血凝微量板每个孔中分别加入 25μl PBS。

（2）加血清样品 25μl 到第 1 孔中，横向倍比稀释。

（3）加 25μl 4 个血凝单位标准抗原到每个孔中作用 30min。

（4）加 50μl 1%（v/v）鸡红细胞悬液到每个孔中，轻轻混匀，置室温，待对照红细胞呈显著纽扣状后判定结果。

（5）血凝滴度为能够抑制 4 个血凝单位标准抗原的血清最高稀释倍数。判定血凝时倾斜血凝板，孔内红细胞"流"和对照孔（仅加入 25μl 的鸡红细胞和 50μl PBS）同样呈泪滴状则被认为该孔抑制了标准抗原的血凝性。

（6）结果应根据阴性对照和阳性对照血清的结果来判定，其中阴性对照的滴度不应大于 2^2，阳性对照血清滴度应在已知滴度的一个稀释度之内。

（7）通常情况下被检血清的血凝抑制滴度大于或等于 2^4 被判为阳性。但有些一年以上日龄的 SPF 鸡群中，部分鸡可能出现非特异性反应，其滴度大于或等于 2^4。

4.6 病毒基因型的鉴定

鸡传染性支气管炎病毒通过 S1 基因分析，可将病毒株分为不同基因型。目前，已知的超过 20 个，同时还有大量的变异毒株。我国鸡传染性支气管炎病毒至少存在 3 个基因型。对于鉴定新的分离毒株的基因型须经聚合酶链式反应（RT-PCR）方法进行。具体方法如下。

4.6.1 扩增试剂准备

4.6.1.1 取出 4.3.1 中制备的待检病毒尿囊液样品融化。

4.6.1.2 病毒 RNA 提取 Trizol 试剂，M-MLV 反转录酶，RNA 酶抑制剂（RNasin），PCR 反应试剂，限制性内切核酸酶，DNA Marker，DEPC，DNA 胶回收试剂盒均可购自生物工程公司；其他未特别说明试剂均为分析纯。

4.6.1.3 反转录引物为 S1 Oligo3'，PCR 引物则为 S1 Oligo3 与 S1 Uni2 或 S1 Oligo5'。

4.6.2 提取病毒 RNA

该步骤按参考文献 [18] 的方法进行。将电镜观察呈冠状病毒阳性的尿囊液按 Trizol 试剂盒说明方法提取病毒基因组 RNA，自然干燥 2～10min。重悬于无 RNA 酶的水中，置 -70℃备用。

4.6.3 cDNA 合成与 PCR 扩增

取 20μl 病毒基因组 RNA 溶液加反转录引物在 70℃水浴 10min，然后冰浴 2min，随后分别加入 8ml 5×First Strand Buffer，4ml 2.5 mM dNTPs，200 U RNA 聚合酶及 40 U RNA 酶抑制剂，将该混合物 37℃作用 2h，98℃阻断反应 7min，然后进行冰浴。PCR 反应体系中包括 15 nmol S1 Oligo3'、15 nmol S1 Uni2 或 S1 Oligo5'、1ml cDNA、5ml 10×PCR buffer、4μl 2.5 mmol dNTPs、2 U Taq polymerase 及 34μl 去离子水。该混合物进行如下反应 94℃作用 1min，50℃作用 1min，72℃延伸 2min，进行 35 个循环，最后 72℃作用 10min。

4.6.4 S1 蛋白基因的克隆与序列测定

采用 DNA 胶回收试剂盒进行纯化回收 PCR 产物，参照 pMD18-T 或 pGEM-Teasy 载体使用说明书依次加入载体，混合均匀后置于16℃水浴连接过夜。转化宿主菌感受态细胞（JM109，JM83或DH5α），涂布于含有抗生素的LB琼脂平板上培养8~12h。随机挑取琼脂板上的白色单个菌落，分别接种液体培养基培养过夜。按《分子克隆实验指南》所述的碱裂解法小剂量制备质粒。提取的质粒DNA进行鉴定，阳性克隆提出质粒后进行自动测序，也可委托生物工程公司协助完成。

4.6.5　基因序列确定及分析比较：根据GenBank中参考毒株的基因序列，用DNAStar（Version 5.00）、Gene Runner（Version 3.00）及DNAMAN（Version 5.2.2）软件对待测样品毒株的S1蛋白基因核苷酸序列进行确定，与已发表的国内外参考毒株相关基因的核苷酸及其推导的氨基酸序列进行分析比较，构建的系统发育树，分析病毒基因型。

附录

1 磷酸缓冲盐溶液（PBS）

NaCl	8.0g
KCl	0.2g
$Na_2HPO_4 \cdot 12H_2O$	3.6g
KH_2PO_4	0.24g

将以上试剂溶于 1 000ml 去离子水中，使其完全溶解后，103.4kPa 高压蒸气灭菌 20min，即可放于室温备用。

2 0.01mol/L 磷酸盐缓冲液（pH 7.2）

NaCl	16g
KCl	0.4g
Na_2HPO_4	5.78g
KH_2PO_4	0.4g

双蒸水定容至 2 000ml，pH 值 7.2 ± 0.2，使其完全溶解后，103.4kPa 高压蒸气灭菌 20min，即可放于室温备用。

3 0.05mol/L $NaHCO_3$ 缓冲液（pH 9.6）

碳酸钠（Na_2CO_3）	1.59g;
碳酸氢钠（$NaHCO_3$）	2.93g;

双蒸水定容至 1 000ml，pH 9.6 ± 0.2，使其完全溶解后，4℃保存。

4 PBST

在 PBS 中加入 Tween-20，使之终浓度为 0.05% ~0.1% 即可。

5 LB 液体培养基

胰蛋白胨	1.0g
酵母提取物	0.5g
氯化钠	1.0g
去离子水	100.0ml

将配置好的溶液放于高压灭菌锅，103.4kPa 高压蒸气灭菌 20min，液体温度降至室温后放于 4℃冷藏备用。用前加氨苄青霉素至 20μg/ml。

6 LB 固体培养基

在 LB 液体培养基的配置方法中加琼脂粉 1.5g，将高压灭菌后的培养基从灭菌器中取出，轻轻旋动使溶解的琼脂均匀分布于整个培养基溶液中。使培养基降温至 50℃左右，按 20μg/ml 加入氨苄青霉素，混匀后从烧瓶中倾出培养基铺制平板。如平板上的培养基有气泡形成，可在琼脂凝结前用本生灯灼烧培养基表面以除去之。在平板边缘作标记，待培养基完全凝结后，倒置平皿贮存于4℃备用。

7 核酸电泳缓冲液（TAE）

浓贮存液（每升）50×：

Tris 碱	242g
冰乙酸	57.1ml
EDTA（0.5mol/L，pH 8.0）	100ml

使用液 1×：

Tris-乙酸	0.04mol/L
EDTA	0.001mol/L

8 鸡传染性支气管炎病毒 EID_{50}

将病毒液用生理盐水作10倍系列稀释，取3个稀释度各接种10日龄鸡胚5个，每胚尿囊内接种0.1ml，置37℃环境下继续孵育，24h以前死亡的鸡胚弃去不计，将接种后第24～144h死胚及144h仍生存的活胚，其胎儿具有失水、蜷缩、发育小（接种胎儿重量比对照胚最轻胎儿重量轻2g以上）等特异性病痕者，按照 Reed-Muench 法计算其 EID_{50}。

参考文献

［1］中华人民共和国农业部. 中华人民共和国兽用生物制品规程. 北京：化学工业出版社，2000

［2］B. W. 卡尔尼克. 禽病学. 第十版. 北京：中国农业出版社，1999

［3］J. 萨姆布鲁克，D. W. 拉塞尔. 第三版. 北京：科学出版社，2002

［4］殷震，刘景华. 动物病毒学. 第二版. 北京：科学出版社，1997

［5］SN/T 1221—2003 鸡传染性支气管炎抗体检测方法琼脂免疫扩散试验

［6］庞保平，程家安，陈正贤. 酶联免疫吸附试验方法的比较. 中国生物防治，1999，15（1）：31～34

［7］周继勇，沈行燕，程丽琴等. 新变异的禽传染性支气管炎病毒 ZJ971 毒株 S 基因克隆及序列分析. 中国农业科学，2001，34（4）：445～450

［8］潘杰彦，陈德胜，戴亚斌等. 传染性支气管炎病毒青岛腺胃分离株（SD/97/02）S2 蛋白基因的序列测定和分析. 病毒学报，2001，17（4）：356～359

［9］OIE Manual of Diagnostic Tests and Vaccines for Terrestrial Animals, 2004

［10］American Association of Avian Pathologists. A Laboratory Manual for the Isolation and Identification of Avian Pathogens. Fourth Edition, 1998

［11］Alexander D J, Allan W H, Biggs P M, et al. A standard technique for haemagglutination inhibition tests for antibodies to avian infectious bronchitis virus. Vet. Rec., 1983, 113: 64

［12］Alexander D J, Gough R E and Pattison M. A long-term study of the pathogenesis of infection of fowls with three strains of avian infectious bronchitis virus. Res. Vet. Sci., 1978, 24: 228～233

［13］Cavanagh D. Sequencing approach to IBV antigenicity and epizootiology. In: Proceedings of the Second International Symposium on Infectious Bronchitis. Rauischholzhausen, 1991,

147~160

[14] Cavanagh D. , Mawditt K. , Britton P. *et al.* Longitudinal field studies of infectious bronchitis virus and avian pneumovirus in broilers using type-specific polymerase chain reactions. Avian Pathol. 1999, 28: 593~605

[15] Cavanagh D and Naqi S A. Infectious Bronchitis. In: Diseases of Poultry, Tenth Edition, Calnek B. W. , Barnes H. J. , Beard C. W. , McDougald L. R. & Saif Y. M. , eds. Iowa State Press, Iowa, USA, 1997, 511~526

[16] Cook J. K. A. . The classification of new serotypes of infectious bronchitis virus isolated from poultry flocks in Britain between 1981 and 1983. Avian Pathol. , 1984, 13: 733~741

[17] Cook J K A, Darbyshire J H and Peters R W. The use of chicken tracheal organ cultures for the isolation and assay of avian infectious bronchitis virus. Arch. Virol. , 1976, 50: 109~118

[18] Darbyshire J H, Cook J K A and Peters R W. Growth comparisons of avian infectious bronchitis virus strains in organ cultures of chicken tissues. Arch. Virol. , 1978, 56: 317~325

[19] Darbyshire J H, Rowell R G, Cook J K A and Peters R W. Taxonomic studies on strains of avian infectious bronchitis virus using neutralisation tests in tracheal organ cultures. Arch. Virol. , 1979, 61: 227~238

[20] Dawson P S and Gough R E. Antigenic variation in strains of avian infectious bronchitis virus. Arch. Gesamte Virusforsch. , 1971, 34: 32~39

[21] Dhinakar Raj G and Jones RC. Protectotypic differentiation of avian infectious bronchitis viruses using an in vitro challenge model. Vet Microbiol. 1996, 53 (3~4): 239~252

[22] Hofstad M S. Antigenic differences among isolates of avian infectious bronchitis virus. Am. J. Vet. Res. , 1958, 19: 740~743

[23] Ignjatovic J and Sapats S. Avian infectious bronchitis virus. Rev. sci. tech. Off. int. Epiz. , 2000, 19 (2): 493~508

[24] King D J and Hopkins S R. Rapid serotyping of infectious bronchitis virus isolates with the haemagglutination inhibition test. Avian Dis. , 1984, 28: 727~733

[25] Kusters J G, Niesters H G M, Lenstra J A, Horzinek M C and Van Der Zeijst B A M. Phylogeny of antigenic variants of avian coronavirus IBV. Virology, 1989, 169: 217~221

[26] Shengwang Liu and Xiangang Kong. A new genotype of nephropathogenic infectious bronchitis virus circulating in vaccinated and non-vaccinated flocks in China. Avian Pathology, 2004, 33 (3): 321~327

[27] Mockett A P A and Darbyshire J H. Comparative studies with an enzyme-linked immunosorbent assay (ELISA) for antibodies to avian infectious bronchitis virus. Avian Pathol. , 1981, 10: 1~10

[28] Witter R L. The diagnosis of infectious bronchitis of chickens by the agar gel precipitin test. Avian Dis. , 1962, 6: 478~492

猪繁殖与呼吸综合征病毒资源检测技术规程

起草单位：中国农业科学院哈尔滨兽医研究所
　　　　　中 国 兽 医 药 品 监 察 所

前　言

　　猪繁殖与呼吸综合征是由动脉炎病毒科动脉炎病毒属猪繁殖与呼吸综合征病毒引起的接触传染性疾病，各种年龄的猪均易感染。本病以导致母猪的繁殖障碍和仔猪呼吸道症状为主要特征。猪繁殖与呼吸综合征是1987年在美国出现的一种新的猪病。该病以其来势凶猛，传播快速，损失巨大著称，1991年席卷了欧美大陆，引发了多起灾难性的"流产风暴"，这使全球养猪业主和兽医从业人员陷入极度震惊和困惑之中。该病至今仍然是严重阻碍着世界养猪业持续发展的重要疫病之一。该病是必须申报世界动物卫生组织的疫病，我国将其列为二类动物疫病。

　　猪繁殖与呼吸综合征病毒的检测是对其进行保存、评价和利用的前提条件，是确保微生物资源保藏质量的基本保障。制定本规程的目的是为保证猪繁殖与呼吸综合征病毒资源的质量，规范猪繁殖与呼吸综合征病毒的检测。

　　本规程是在综合国内外科研成果的基础上，参考 OIE《诊断试验和疫苗标准手册》(2004年)、《病原分离和鉴定手册》(1998年)，并结合我国现有猪繁殖与呼吸综合征诊断的国家质量标准、动物卫生法规及农业部对猪繁殖与呼吸综合征的相关政策和措施制定的。本规程由国家自然科技资源平台建设项目提出。

　　本规程起草单位：中国农业科学院哈尔滨兽医研究所，中国兽医药品监察所。

　　本规范主要起草人：蔡雪辉、孙建宏、王笑梅、童光志、陈敏、刘景利、张从禄、王杰、胡井雷、魏凤祥等。

目　次

猪繁殖与呼吸综合征病毒资源检测技术规程

1 范围

本规程规定了猪繁殖与呼吸综合征病毒的实验室检测程序和方法。

本规程适用于猪及其产品、培养物及生物制品中猪繁殖与呼吸综合征病毒的检测。

2 规范性引用文件

下列文件中的条款通过本规程的引用而成为本规程的条款。凡是注日期的引用文件，其随后所有的修改单（不包括勘误的内容）或修订版均不适用于本规程，但鼓励根据本规程达成协议的各方，研究是否使用这些文件的最新版本。凡是不注日期的引用文件，其最新版本适用于本规程。

GB 19489—2004 实验室生物安全通用要求；

GB 6682—92 分析实验室用水规格和试验方法；

GB/T 18090—2000 猪繁殖与呼吸综合征诊断方法；

NY/T 679—2003 猪繁殖与呼吸综合征免疫酶试验方法。

3 术语、定义、缩略语和符号

下列术语、定义、缩略语和符号适用于本规程。

3.1 猪繁殖与呼吸综合征病毒（Porcine Reproductive and Respiratory Syndrome Virus，PRRS）

猪繁殖与呼吸综合征病毒属于尼多病毒目动脉炎病毒科动脉炎病毒属，根据猪繁殖与呼吸综合征病毒的抗原特性分为 A 群（欧洲型）和 B 群（美洲型），均可造成母猪怀孕晚期流产、死胎和弱胎明显增加，新生仔猪死亡率高；引起哺乳仔猪和保育猪严重的呼吸道症状。

3.2 免疫过氧化酶单层试验（IPMA）

3.3 间接免疫荧光试验（IFA）

3.4 病毒中和试验（VN）

3.5 反转录 - 聚合酶链式反应（RT-PCR）

3.6 磷酸盐缓冲盐溶液（PBS）

4 病毒的分离与鉴定

猪繁殖与呼吸综合征病毒属于我国二类动物病原微生物，各种操作应在 BSL-2 和 AB-SL-2 进行，试验室条件和操作要求按照《病原微生物实验室生物安全管理条例》（国务院第 424 条令）、《兽医实验室生物安全管理规范》（2003 年农业部 302 号公告）和 GB 19489—2004《实验室生物安全通用要求》执行。

4.1 样品的采集与处理

4.1.1 死猪样品

对病死猪（如流产的死胎）和扑杀猪（如弱胎猪），应立即采取肺、扁桃体、脾脏、肾、淋巴结等组织，置密封塑料袋中，放入冷藏箱立即送检。不能立即检查者，应放 -20℃冰箱中或加50%甘油生理盐水，4℃保存送检。

4.1.2 活猪样品

无菌采取发病早期病猪的血清或腹水。当流产暴发时，采集未吃奶的新生仔猪的血清。

4.1.3 样品处理

脏器样品处理：取样品于灭菌的玻璃研磨器中研磨，用 MEM 配成20%悬液，根据情况抗生素可以选用青霉素 1 000IU /ml、链霉素 1mg/ml、庆大霉素 500μg/ml；和两性霉素 B 200μg /ml。怀疑有细菌污染的样品，取组织悬液于离心管内，以 5 000g 离心 30min，取上清液 0.45μm 过滤 -20℃冻存备用。无菌采取的血清或腹水可以直接用于分离病毒。

4.1.4 样品的存放与运送

采集或处理的样品在 2 ~ 8℃条件下保存应不超过 24h；如果需长期保存，需放置 -70℃条件，但应避免反复冻融（最多冻融 3 次）。采集的样品密封后，放在加冰块的保温桶内，尽快送往实验室。

4.2 病毒分离

4.2.1 原代肺泡巨噬细胞（PAM）的制备

取 4 周龄 PRRSV 血清阴性的健康仔猪，放血后无菌采取肺脏，通过气管灌入法用无血清的 PRMI 1640 将肺泡巨噬细胞洗出，再用 PRMI 1640 离心洗涤肺泡巨噬细胞 3 ~ 5 次，最后用 PRMI 1640 营养液（含10%胎牛血清和青霉素 100IU/ml、链霉素 100μg/ml、两性霉素 B 10μg/ml）将细胞稀释至 3×10^6 个细胞/ml 接种到细胞培养瓶中或培养板中，置于 5%CO_2 温箱中，37℃培养 10 ~ 15h 备用。

4.2.2 病料的接种

按 PAM 培养液体积的10%接种病料处理上清液（见 4.1），同时设对照 PAM 细胞。吸附 4 ~ 6h 后更换新的 PRMI 1640 营养液（含5%胎牛血清和青霉素 100IU/ml、链霉素 100μg/ml、两性霉素 B 10μg/ml），连续培养 5 ~ 8d，根据 CPE 出现的情况安排传代。如果不出现 CPE，应盲传 3 ~ 5 代，根据是否出现 CPE 作取舍；如果出现 CPE，应继代 2 ~ 3 代均出现 CPE 时，冻存备用（如果对照 PAM 细胞出现 CPE，则试验不成立）。

4.3 病毒型和血清型的鉴定

4.3.1 间接免疫荧光试验（IFA）

采用 PRRSV 标准阳性血清，通过间接免疫荧光试验（IFA）可以对分离毒株作出初步分型。

4.3.1.1 材料准备

器材有荧光显微镜、恒温箱、保湿盒、微量移液器等。试剂有兔抗猪异硫氰酸荧光黄（FITC）结合物、PRRSV 欧洲参考毒株 LV、美洲参考毒株 ATCC VR2332 的标准阳性血清和阴性血清，由国家指定单位提供。使用前按说明书规定稀释至工作浓度。

4.3.1.2 IFA 诊断板的制备

用细胞分散液消化 Marc-145 细胞，用细胞营养液稀释成 5×10^4 细胞/ml，接种 96 孔细胞培养板，待长成单层后，分别将 PRRS 美洲、欧洲标准毒和分离毒株稀释成终浓度为 $100TCID_{50}/100\mu l$，在 96 孔板上每列加入 1 种毒株样品，每孔加 $100\mu l$，1 列为正常细胞对照，做 3 个重复。把细胞培养板放在 37℃、5% CO_2 培养箱中培养 48～72h。当细胞出现 20% CPE 时，弃去培养液，用 PBS 液（$100\mu l$/孔）洗一次，每孔加 75% 冷乙醇水溶液 $100\mu l$，把板置于 4℃ 条件下固定 10min。弃去乙醇，在纸巾上拍干，放置室温下完全干燥后 -70℃ 保存备用。

4.3.1.3 标准血清的稀释

试验前将标准 LV、VR2332 毒株的阳性血清和标准阴性血清用 PBS 液作 20～2 560 的倍比稀释。

4.3.1.4 操作方法

4.3.1.4.1 取 IFA 诊断板，编号，弃去板中的乙醇溶液，置超净工作台中风干，每孔加 $100\mu l$ PBS 液洗一次，弃去 PBS 液并在吸水纸上轻轻拍干。在编号对应的孔内加入 20～2 560 倍稀释的标准血清如图 1 所示。置 37℃ 恒温箱中感作 45min。

		VR2332阳性血清				LV阳性血清				标准阴性血清			
		1	2	3	4	5	6	7	8	9	10	11	12
20×	A												
40×	B												
80×	C												
160×	D												
320×	E												
640×	F												
1 280×	G												
2 560×	H												

VR2332　LV　分离毒　Cell　VR2332　LV　分离毒　Cell　VR2332　LV　分离毒　Cell

图1　间接免疫荧光试验（IFA）操作方法示意图

4.3.1.4.2 弃去板中血清，用 PBS 液洗板 4 次，每孔 $200\mu l$，每次 3min，最后在吸水纸上轻轻拍干。

4.3.1.4.3 每孔加入工作浓度的 FITC 标记的兔抗猪抗体 $50\mu l$，在 37℃ 恒温箱中感作 45min。

4.3.1.5 结果判定

荧光显微镜采用蓝紫光（激发滤板通常用 BG12，吸收滤板用 OG1 或 GG9），在 5～10 倍目镜下检查。标准阳性血清对照中感染细胞孔应出现典型的特异性荧光，而未感染细胞孔不应出现特异性荧光，标准阴性血清对照、空白对照不应出现特异性荧光。被检样品感染细胞孔出现特异性胞浆亮绿色荧光判为阳性；否则，判为阴性。根据分离毒株与标准阳性血清的反应性可以确诊分离毒株属于哪一血清型的毒株。

4.3.2 免疫过氧化物酶单层试验（IPMA）

采用 PRRSV 特异性的单克隆抗体，通过免疫过氧化物酶单层试验（IPMA）可以对分离毒株作出进一步分型，并能比较分离毒株间的抗原差异。

4.3.2.1 材料准备

器材有倒置显微镜、恒温箱、保湿盒、微量移液器等。试剂有 6 种单克隆抗体，抗 PRRSV-N 蛋白的单抗有 ISU15A-15E；抗 PRRSV-GP5 蛋白的单克隆抗体 ISU25A1。使用前按说明书规定稀释至工作浓度。洗涤液、血清稀释液和显色/底物溶液依照附录 1 自行配制。

4.3.2.2 IPMA 诊断板的制备

用细胞分散液消化 Marc-145 细胞，用细胞营养液稀释成 5×10^4 细胞/ml，接种 96 孔细胞培养板，待长成单层后，分别将 PRRS 美洲、欧洲标准毒和分离毒株稀释成终浓度为 $100TCID_{50}/100\mu l$，在 96 孔板上每列加入 1 种毒株样品，每孔加 $100\mu l$，1 列为正常细胞对照，做 3 个重复。把细胞培养板放在 37℃、5% CO_2 培养箱中培养 48~72h。当细胞出现 20% CPE 时，弃去培养液，用 PBS 液（$100\mu l$/孔）洗一次，每孔加 75% 冷乙醇水溶液 $100\mu l$，把板置于 4℃ 条件下固定 10min。弃去乙醇，在纸巾上拍干，放置室温下完全干燥后 -70℃ 保存备用。

4.3.2.3 样品

采集被检猪血液，分离血清，血清必须新鲜透明不溶血无污染，密装于灭菌小瓶内。4℃ 或 -30℃ 冰箱保存或立即送检。试验前将被检血清统一编号，并用血清稀释液作 20 倍稀释。

4.3.2.4 操作方法

取已作稀释的单克隆抗体加入 IPMA 诊断板上如图 2，同时设立标准阳性血清、标准阴性血清和空白对照，以血清稀释液代替血清设立空白对照，封板并于 4℃ 条件下过夜。

		A	B	C	D	E	SDOW17	A1	B1	C1	标阳	标阴	空白
		1	2	3	4	5	6	7	8	9	10	11	12
VR2332	A												
LV	B												
分离毒	C												
Cell	D												
VR2332	E												
LV	F												
分离毒	G												
Cell	H												

（表头上方标注：N蛋白单抗（A~SDOW17）、GP5蛋白单抗（A1~C1）、标准血清（标阳~空白））

图 2　免疫过氧化物酶单层试验（IPMA）操作方法示意图

弃去板中液体，用洗涤液洗板 3 次，每孔 $200\mu l$，每次 1~3min，最后在吸水纸上轻轻拍干。

每孔加入工作浓度的羊抗鼠过氧化物酶结合物 $50\mu l$，封板后放在保温盒内于 37℃ 恒温箱中感作 60min。

弃去板中液体，洗涤 3 次，方法同 4.3.1.4.2。

每孔加入显色/底物溶液 $50\mu l$，封板于室恒（18~24℃）下感作 30min。

弃去板中液体，洗涤 1 次，方法同 4.3.1.4.2，再用三馏水洗涤 2 次，最后在吸水纸上轻轻拍干，待检。

4.3.2.5 结果判定

将 IPMA 诊断板置于倒置显微镜判读。在对照标本都成立的前提下，即空白对照孔应为阴性反应；标准阳性血清对照感染细胞孔应呈典型阳性反应；标准阴性血清对照感染细胞孔应呈阴性反应；被检血清未感染细胞孔（V-）不应出现阳性反应。被检标本的细胞浆（可能仅见于部分细胞）出现弥漫状或团块状棕红色着染者，判读为免疫过氧化物酶单层试验阳性，记作 IPMA（+）；无棕红色着染者，判为免疫过氧化物酶单层试验阴性，记作 IPMA（−）。IPMA（+）者表明被感染细胞中含有 PRRS 病毒。

4.3.3 病毒中和试验（VN）

特异性的免疫血清（中和抗体）与病毒结合，使病毒不能吸附于敏感细胞或使病毒的入侵或脱壳受到抑制，因而丧失其感染能力。中和试验不但对病毒进行特异性鉴定，而且对病毒的感染力进行定量测定。

4.3.3.1 材料准备

96 孔细胞培养板、微量移液器、二氧化碳（CO_2）培养箱、倒置显微镜等。美洲标准株 ATTC VR-2332 或欧洲标准株 LV，由国家指定单位提供。使用前按附录 C 方法滴定病毒效价后，用含 20% 健康猪新鲜血清的 EMEM 营养液（pH 值 7.2）将其稀释至 $200TCID_{50}/25\mu l$，作为工作病毒液。

MARC-145 传代细胞，由国家指定单位提供使用时，用细胞分散液消化、分散、计数，再用 EMEM 营养液（含犊牛血清 10%，青霉素 100IU/ml，链毒素 $100\mu g/ml$，pH 值 7.2）稀释至 10^6 个/ml。

PRRS 病毒标准阳性血清和标准阴性血清，由国家指定单位提供，使用前经 56℃灭活 30min，并按说明书规定进行稀释。

4.3.3.2 操作方法

中和试验的操作方法有两种：一种是固定病毒-稀释血清法（β法）；另一种是固定血清-稀释病毒法（α法），前一种较为常用，这里介绍固定病毒-稀释血清法（β法）。

4.3.3.2.1 加营养液：取 96 孔细胞培养板，于 1~10 列孔内加入 EMEM 营养液（含 10% 犊牛血清、100IU/ml 青霉素、$100\mu g/ml$ 链霉素，pH 值 7.2）$100\mu l$/孔。

4.3.3.2.2 稀释阳性血清和阴性血清：用 8 道微量移液器精确吸取已作灭活处理的阳性血清，在 A 行 1~8 孔加入 $100\mu l$/孔。按图 1 所示倍比稀释，用 8 头微量取样器先在第 1 列孔内吹吸数次，充分混匀后吸取 $100\mu l$ 移入第 2 列，同前混匀后取 $100\mu l$ 移入第 3 列，以下依次进行。当第 8 列各孔混匀后，各吸取 $100\mu l$ 弃去。在 A 行 9~10 孔加入与阳性血清作同样处理的阴性血清，并作相同程序的稀释。

4.3.3.2.3 加病毒液：按图 3 所示，1~4 列和 9 列各孔添加用含 20% 健康猪 PRRSV 抗体阴性的新鲜血清 EMEM 营养液稀释成 $200TCID_{50}/100\mu l$ 的分离病毒液 $100\mu l$/孔，5~8 列和 10 列各孔添加用含 20% 健康猪新鲜血清 EMEM 营养液稀释成 $200TCID_{50}/100\mu l$ 的 ATCC VR2332（或 LV）株病毒液 $100\mu l$/孔。

4.3.3.2.4 中和感作：将培养板放入 37℃的 5% CO_2 培养箱中感作 60min。

4.3.3.2.5 移入细胞培养板：将中和感作过的培养板取出，对应的将培养板各孔液体移入已经长成 Marc-145 细胞单层的 96 孔培养板上。同时按 4.3.3.4 中的要求加入血清毒性对照和细胞对照。

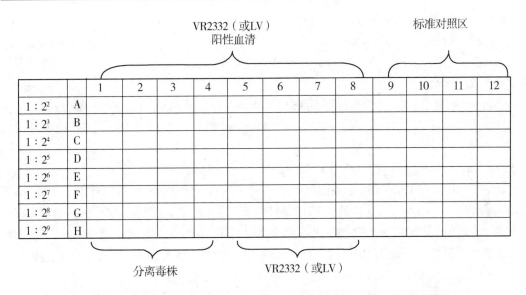

图3 病毒中和试验（VN）固定病毒—稀释血清法（β法）操作示意图

4.3.3.2.6 培养：封板后，放入37℃的5%二氧化碳保湿恒温箱内培养。

4.3.3.3 观察与记录

在倒置显微镜下逐孔观察致细胞病变作用（CPE）。每天观察一次，连续观察5d，并将观察结果记入专用登记表内。PRRS病毒在MARC-145细胞上生长，引起的CPE主要表现是：细胞圆缩、聚集、固缩，最后溶解脱落。

4.3.3.4 中和效价计算和结果判定

在各对照组符合下述要求时，本次中和试验才成立。

病毒对照：病毒浓度为0.1TCID$_{50}$的各孔不应出现任何CPE，100TCID$_{50}$的各孔均应出现CPE。

血清毒性对照：取相当于试验中最低稀释度（本标准中为4倍）的阳性血清加入11列A～D孔中，阴性血清加入12列A～D孔中，4倍稀释的新鲜猪血清加入11列E～H孔中，上述各孔加入血清量均为200μl/孔。

细胞对照：12列E～H孔中加入营养液200μl/孔。

接毒120h后，对被检分离毒株的中和效价进行计算。其中和效价为能引起平行4孔或4孔中2孔出现CPE的血清最低血清稀释倍数的倒数。

4.3.4 病毒的分子生物学检测和鉴定方法

常规的病毒分离和检测技术是猪繁殖与呼吸综合征病毒诊断的常用方法，但是，这种方法需要时间较长，不能对猪繁殖与呼吸综合征病毒作出迅速判断。RT-PCR方法是一种快速诊断技术，可用于核酸的检测和血清型的鉴定。根据RT-PCR的原理和方法的不同，又分为常规PCR、套式PCR、荧光PCR。常规RT-PCR也是鉴定猪繁殖与呼吸综合征病毒基因的一种重要技术。

4.3.4.1 常规RT-PCR

4.3.4.1.1 病毒RNA的提取

将病毒培养物反复冻融3次，取病毒细胞悬液300μl，加入等量的Trizol，室温放置5min，使其充分裂解，12 000g离心5min，弃沉淀。取上清液加入等量的氯仿，振荡混匀

15min，室温放置 15min，然后 4℃ 12 000g 离心 15min。取上层水相，移至另 1 离心管中，加入等量的异丙醇，－20℃放置 30min，12 000r/min 离心 10min。弃去上清，用 70% 的乙醇洗沉淀一次。将沉淀真空干燥后，溶于 DEPC 处理的水中，于 －70℃保存，备用。

4.3.4.1.2　试剂

Taq DNA 聚合酶、dNTP、低熔点琼脂糖等为 Promega 公司产品，禽源反转录酶（AMV）DL-2000 DNA Marker 购于宝生物工程（大连）有限公司。其余试剂均为进口或国产分析纯。

4.3.4.1.3　引物的设计与合成

参照 PRRSV VR-2332 株的基因序列，应用 Oligo4.1 程序设计了 3 对用于 PCR 扩增 ORF5 和 ORF7 的引物见表 1，其中 P7S1 和 P7R1 是根据 VR-2332 株和 LV 株的 ORF7 序列设计的，预期扩增 VR-2332 产物大小为 436bp 和扩增 LV 株产物大小为 468bp，P7S2 和 P7R2 引物是根据 LV 株的 ORF7 序列设计的，预期扩增产物大小为 412bp，由宝生物工程（大连）有限公司合成。引物序列如表 1 所示。

表 1　ORF5 和 ORF7 分子克隆的引物

引物名称	引物序列
P7S1	5′GAGGGAAGGGGGATTGCCAGCCAG3 ′
P7R1	5′CTCACCCCCACACGGTCGCCCTAA3′
P7S2	5′GGTTAACCTCGGAATTCATGGCTGGTAA 3′
P7R2	5′ACGCCAAAGCTTCCATTCACCTGA 3′

4.3.4.1.4　cDNA 第一链的合成　（反转录，RT）

在 0.5ml 的微量离心管中加入以下试剂：

模板 RNA	1～5μg
5×RAV Buffer	4μl
dNTP Mix（10mM）	2μl
RNase Inhibitor	0.5μl
Oligo（dT）18	2.5pmol
AMV RTase	1μl
DEPC 处理的水	加至总体积为 20μl

将上述反应液混匀，室温放置 10min 后，移至 42℃ 水浴槽中，恒温水浴 2h。取出后，冰浴 5min，所得反应物用于 PCR 反应。

4.3.4.1.5　PCR 扩增目的基因和分离毒株基因型的鉴定

按照以下顺序加样（总体积 50μl）。

模板 cDNA	5.0μl
10× PCR buffer	5.0μl
10mM dNTP	1.0μl
Primer（10μm）	2.0μl
Taq DNA polymerase	0.5μl

无菌水   37.5μl

轻轻混匀以上试剂后转入 PCR 反应仪，按照表2进行反应。

表2　PCR 反应条件

引物 Primer	预变性 predenaturing	变性 denaturing	退火 annealing	延伸 extension	循环数 cycles	延伸 extension
P7S1	95℃ 5min	94℃ 1min	53℃ 1min	72℃ 2min	35	72℃ 10min
P7R1						
P7S2	95℃ 5min	94℃ 1min	52℃ 1min	72℃ 2min	35	72℃ 10min
P7R2						

然后，取国内分离毒株和参考毒株扩增的 ORF7 基因的反应产物5μl，进行凝胶电泳分析，鉴别分离毒株的基因型。

4.3.4.1.6　结果判定

如果引物 P7S1 和 P7R1 没扩增出相应基因片段，表明分离物不是 PRRSV；如果 P7S1 和 P7R1 扩增出相应基因片段，而 P7S2 和 P7R2 没扩增出相应基因片段，表明分离物是美洲型 PRRSV；如果 P7S1 和 P7R1 扩增出相应基因片段，P7S2 和 P7R2 也扩增出相应基因片段，表明分离物是欧洲型 PRRSV。

4.4　综合判定

在怀疑分离到 PRRS 病毒时，可根据需要选择上述4种方法，经任何一种方法检测呈现阳性结果时，都可最终判定为 PRRS 病毒阳性。

附录 1

血清学试验中试剂的配制

1　PBS 液（0.01mol/L PBS，pH 5.2）用于 IFA

氯化钠（NaCl）8g；氯化钾（KCl）0.2g；碳酸氢钠（NaHCO$_3$）1.15g；磷酸二氢钾（KH$_2$PO$_4$）0.2g；三蒸水加至 1 000ml；保存于 4℃备用。

2　洗涤液（0.01mol/L PBS－0.05%吐温－20，pH 5.4）用于 IPMA 和间接 ELISA

磷酸二氢钾（KH$_2$PO$_4$）0.2g；磷酸氢二钠（Na$_2$HPO$_4$·12H$_2$O）2.9g；氯化钠（NaCl）8.0g；氯化钾（KCl）0.2g；吐温-20 0.5ml；三蒸水加至 1 000ml；现用现配。

3　抗原稀释液（0.05mol/L 碳酸盐缓冲液，pH 9.6）用于间接 ELISA

碳酸钠（Na$_2$CO$_3$）1.59g；碳酸氢钠（NaHCO$_3$）2.93g；三蒸水加至 1 000ml；44℃保存，一周内用完。

4　血清稀释液 用于 IPMA 和 ELISA

为含 1%犊牛血清的 PBS 液。

5　封闭液 用于间接 ELISA

为含 1%犊牛血清白蛋白或 10%马血清的 PBS 液。

6　显色/底物溶液 用于 IPMA

6.1　AEC 贮存液

称取氨乙基咔唑（3-amino-9-ethy1-carbazole，AEC）4mg 溶于二甲基甲酰胺（N，N-dimethy-for-mamid）4ml 中，充分溶解后置 4℃避光保存。

6.2　乙酸钠溶液

乙酸钠（CH$_3$COONa）4.15g 加三蒸水至 1 000ml 用冰乙酸调整至 pH 5.0。

6.3　乙酸盐缓冲液

冰乙酸（CH$_3$COOH）12.8ml；乙酸钠溶液 35.2ml。

6.4　显示/底物溶液（AEC-H$_2$O$_2$）

乙酸盐缓冲液 19ml；AEC 贮存液 1ml；30%过氧化氢（H$_2$O$_2$）0.065ml；充分混合后装于褐色玻璃瓶内避光存放。现用现配。

7　底物溶液 用于间接 ELISA

7.1　0.1mol/L 磷酸氢二钠溶液

柠檬酸（C$_6$H$_8$O$_5$）1.92g 加三蒸水至 100ml。

7.2　0.1ml/L 磷酸氢二钠溶液

磷酸氢二钠（Na$_2$HPO$_4$·12H$_2$O）3.58g 加三蒸水至 100ml。

7.3　底物溶液（TMB-H_2O_2）

0.1mol/L 柠檬酸溶液 33.0ml；0.1mol/L 磷酸氢二钠溶液 66.0ml；四甲基联苯胺（TMB）40.0mg；30% 过氧化氢（H_2O_2）1.5ml；充分混合后装于褐色玻璃瓶避光存放。现用现配。

8　终止液 用于间接 ELISA

1mol/L 氢氟酸（HF）溶液。

附录 2

猪肺泡巨噬细胞（PAM）制备、鉴定、保存与复苏

1 试剂准备

1.1 磷酸盐缓冲盐水（PBS）

a）原液甲

氯化钠（NaCl）8.00g；氯化钾（KCl）0.20g；磷酸氢二钠（Na_2HPO_4）1.15g；磷酸二氢钾（KH_2PO_4）0.20g；溶于500ml 三蒸水中，再加入5ml 0.4%酚红液，加三蒸水至800ml，56kPa 20min 灭菌备用。

b）原液乙

氯化镁（$MgCl_2 \cdot 6H_2O$）0.1g；加三蒸水至100ml；56kPa 20min 灭菌备用。

c）原液丙

氯化钙（$CaCl_2$）溶于100ml 三蒸水中，56kPa 20min 灭菌备用。

d）工作液

原液甲 8份；原液乙 1份；原液丙 1份；充分混合后备用。必要时，可适量加入抗生素（青霉素 103IU/ml、链霉素 103μg/ml、庆大霉素 103μg/ml），不加制霉菌素。

1.2 细胞生长液

含10%犊牛血清的 RPMI1640 营养液（含青霉素 100IU/ml、链霉素 100μg/ml、庆大霉素 50μg/ml）。

1.3 细胞冻存液

取细胞生长液8.0ml，加入分析纯二甲基亚砜（DMSO）2.0ml，混合均匀。不加制霉菌素。

2 PAM 的制备

联4~8周龄的 SPF 猪或被证实无 PRRS 病毒感染的健康猪，动脉放血致死后，立即无菌操作取出肺，切勿划破被膜。每次用约200ml PBS 液从气管灌入肺，挤压灌洗 3~4 次，收集灌洗液，1 000g离心 10min，得到的巨噬细胞泥用 PBS 液再悬浮和离心洗涤 2~3 次。最后的细胞泥用50ml 细胞生长液悬浮，进行细胞计数，用细胞生长液稀释使用细胞浓度达 $4 \times 10^5/1.5ml$。所得新鲜巨噬细胞立即应用或定量分装后冻存。

3 PAM 的冻存

取细胞浓度为 $8 \times 10^5/1.5ml$ 的细胞悬液，加入等量细胞冻存液，缓慢滴加，边加边振摇。加毕，立即用聚苯乙烯管分装，每管 1.5/ml，放 -50℃过夜，转入液氮中保存。

液氮保存各批巨噬细胞，不可混合。

4 PAM 的批次试验

每批巨噬细胞应检验合格后再使用。方法是，在96孔细胞培养板上用已知滴度的标准病毒感染巨噬细胞，并用标准的阳性血清和阴性血清进行 IPMA 或 IFA 测定。只有能支

持特定滴度的标准病毒良好生长的巨噬细胞，方可用于试验。

5　PAM 的复苏

从液氮中取出冷冻细胞管，立即投入温水（38℃左右）中迅速解冻。将细胞移入 10 倍量的 RPMI1640 营养液（pH 5.2）中，1 000g 离心 10min，弃去上清液，沉淀的细胞用细胞生长液悬浮，计数，稀释至要求的细胞浓度后，即可使用。

6　IPMA 诊断板的制备

用细胞分散液消化 Marc-145 或 HS2H 细胞，用细胞营养液稀释成 5×10^4 细胞/ml，加入 PRRS 美洲或欧洲标准毒，使其最终浓度为 $100TCID_{50}/100\mu l$，混合后接种 96 孔细胞培养板 1、2、4、5、5、8、10、11 列的各孔内，每孔加 $100\mu l$。在 3、6、9、12 列的各孔内加 $100\mu l$ 未感染病毒细胞悬液。把细胞培养板放在 35℃、5% CO_2 培养箱中培养 48～52h。当细胞出现 20% CPE 时，弃去培养液，用 PBS 液（$100\mu l$/孔）洗一次，每孔加 80% 丙酮水溶液 $100\mu l$，把板置于 4℃ 条件下固定 30min。弃去丙酮液，在纸巾上拍干，放置室温下完全干燥后 −50℃ 保存备用。

7　IFA 诊断板的制备

用细胞分散液消化 Marc-145 或 HS2H 细胞，用细胞营养液稀释成 5×10^4 细胞/ml，加入 PRRS 标准毒，使其最终浓度为 $100TCID_{50}/100\mu l$，加到 96 孔细胞培养板的 1、2、4、5、5、8、10、11 列各孔内，每孔 $100\mu l$。在 3、6、9、12 列各孔内加入未感染病毒细胞悬液 $100\mu l$。将该细胞培养板置 35℃、5% 二氧化碳培养箱中培养 60～68h。弃去培养液，每孔加入预冷的无水乙醇 $100\mu l$，将此细胞培养板置于 −20℃ 或 −50℃ 冰箱中备用。

附录 3

猪繁殖和呼吸综合症病毒 TCID$_{50}$ 测定

1 材料准备

1.1 器材 48 孔细胞培养板 2 块、微量移液器、恒温箱、倒置显微镜等。

1.2 病毒 美洲型标准株 ATCC VR-2332 或欧洲型标准株 LV，向农业部指定单位索取。

1.3 细胞 MARC-145 或 HS2H 传代细胞，向农业部指定单位索取。使用时，细胞经细胞分散液消化分散后计数，用 EMEM 营养液（含犊牛血清 10%、青霉素 100IU/ml、链霉素 100μg/ml，pH 5.2）稀释至 10^6 细胞/ml。

2 操作方法

2.1 稀释病毒

取洁净无菌的 48 孔细胞培养板，于第 1 孔加 EMEM 营养液 200μl，其余各孔加 225μl；换吸头，再于排头第 1 孔添加病毒液 50μl，将混合液充分混匀。换吸头，吸取 25μl 移于第 2 孔，混合。更换吸头，再吸取 25μl 加入第 3 孔。连续如此操作至第 10 列，作成 10 个连接 10 倍的稀释液，使病毒稀释度依次为 5×10^0、5×10^1、5×10^2、5×10^3、5×10^4、5×10^5、5×10^6、5×10^5、5×10^8、5×10^9。改用多头微量取样器吸取每一稀释度的病毒液 50μl 移入另一块 48 孔（或 96 孔）细胞培养板，每个稀释度的病毒液平多移种 4 孔。剩下的各孔加 50μl MEM 营养液，留作细胞对照。

2.2 添加细胞

于细胞培养板各孔内添加 50μl 工作浓度的细胞悬液。此时，病毒稀释度依次变为 10^1、10^2、10^3、10^4、10^5、10^6、10^7、10^8、10^9、10^{10}。

2.3 培养

封板后，放 35℃ 5% 二氧化碳培养箱内。

3 观察与 TCID$_{50}$ 计算

在倒置显微镜下逐孔观察致细胞病变作用（CPE）。每天观察一次，并将观察结果记入专用登记表内。观察天数为直至出现 CPE 终点，即看到能够引起病毒增殖的病毒最高稀释度。对照细胞应始终保持良好形态和特征。

用 Reed-Muench 法、内插法或 Karber 法计算该病毒培养物的 TCID$_{50}$/0.05ml。

参考文献

[1] OIE Manual of Diagnostic Tests and Vaccines for Terrestrial Animals. 2004

[2] Collins J E, Benfiled D A, Goyal S M, et al. Isolation of swine infertility and respiratory syndrome virus in North American and experimental reproduction of the disease in gnotobiotic pigs. J. Vet. Diagn. Invest, 1992, 4: 117~126

[3] Murtaugh MP, Elam MR, Kakach LT. Comparison of the structural protein coding sequences of the VR-2332 and Lelystad strains of PRRS virus. Arch Virol, 1995,

1 451～1 460

[4] Nelson EA., Christopher-Hennings J. Drew T. et al. Differential of U. S. and European isolates of porcine reproductive and respiratory syndrome virus by monoclonal antibodies. J Clin Microbiol, 1993, 31：3 184～3 189

[5] Cheon D. S., Chae, C. Distribution of a Korean strain of porcine reproductive and respiratory syndrome virus in experimentally infected pigs, as demonstrated immunohistochemically and by in-situ hybridization. J Comp Pathol, 1998, 120：79～88

[6] 郭宝清，陈章水，刘文兴等. 从疑似 PRRS 流产胎儿分离 PRRSV 的研究. 中国畜禽传染病，1996，2：1～4

[7] 蔡雪辉，刘永刚，李艳华等. 猪繁殖与呼吸综合征病毒国内分离毒株 GP3、GP5 和 N 蛋白抗原性分析。中国预防兽医学报，2005，27（5）：321～325

[8] 赵得明. 猪病学. 第八版. 北京：中国农业大学出版社，1999

[9] 殷震，刘景华. 动物病毒学. 第二版. 北京：科学出版社，1997

[10] 白文彬，于康震. 动物传染病诊断学. 第一版. 北京：中国农业出版社，1997

猪传染性胃肠炎病毒资源分离鉴定技术规程

起草单位：东北农业大学

中国兽医药品监察所

前　言

　　猪传染性胃肠炎病毒是冠状病毒属成员。由其引起的猪传染性胃肠炎是以仔猪呕吐、腹泻和严重脱水为特征的消化道传染病，该病极易与猪轮状病毒感染、猪流行性腹泻等其他病毒性腹泻相混淆，临床诊断和鉴别诊断十分困难，主要靠实验室检测来进行病原确定。近年来，随着分子生物学理论和技术的应用，核酸检测和重组抗原片断的表达、单克隆抗体技术的应用，为本病的快速检测提供了重要的物质基础和技术手段。对本病的实验室检查主要有病毒的分离鉴定、基于病毒核酸的快速检测和血清学检测。

　　制定本规程是为猪传染性胃肠炎病毒的分离鉴定技术规范化，以有效地检测病原，更好地实现微生物毒种资源的社会共享。

　　本规范由国家自然科技资源平台建设项目提出。

　　本规范起草单位：中国兽医药品监察所，东北农业大学。

　　本规范主要起草人：李一经、葛俊伟、唐丽杰、陈敏。

目　次

猪传染性胃肠炎病毒资源分离鉴定技术规范

1 范围

本规程规定了猪传染性胃肠炎病毒分离鉴定的实验室检测程序和方法。

本规程适用于对猪传染性胃肠炎的临床诊断、产地检疫、培养物及生物制品中猪传染性胃肠炎病毒的检测。

2 规范性引用文件

下列文件中的条款通过本规程的引用而成为本规程的条款。凡是注日期的引用文件，其随后所有的修改单（不包括勘误的内容）或修订版均不适用于本规程，但鼓励根据本规程达成协议的各方，研究是否使用这些文件的最新版本。凡是不注日期的引用文件，其最新版本适用于本规程。

GB 19489—2004　实验室生物安全通用要求

NY/T 548—2002　猪传染性胃肠炎诊断技术

《病原微生物实验室生物安全管理条例》

《兽医实验室生物安全管理规范》

《中华人民共和国专利法》

3 定义及缩略语

3.1　猪传染性胃肠炎病毒（transmissible gastroenteritis virus，TGEV）

猪传染性胃肠炎病毒是冠状病毒属成员。为不分节段的单股正链，有囊膜的 RNA 病毒。该属病毒具有明显嗜肠性和嗜呼吸道特征。在临床引起相应的消化道疾病和呼吸系统疾病。

3.2　病毒分离鉴定

是指将所鉴定的病毒通过某种培养方法单一培养增殖，并通过形态学、血清学等方法确定其所属种属。

3.3　猪睾丸细胞（ST）

3.4　猪肾细胞（PK15）

3.5　细胞病变效应（CPE）

3.6　酶联免疫吸附试验（ELISA）

3.7　磷酸盐缓冲盐溶液（PBS）

3.8　反转录–聚合酶链式反应（RT-PCR）

4 猪传染性胃肠炎病毒生物安全等级

按照《病原微生物实验室生物安全管理条例》第七条和第八条规定，猪传染性胃肠炎病属于三类病原微生物。

5 病毒分离

5.1 细胞培养液
见附录。

5.2 病毒培养液
见附录。

5.3 病料及其处理

取发病典型的仔猪空肠、空肠内容物或粪便样品。如空肠组织刮取空肠黏膜绒毛上皮组织，加含有 1 000IU/ml青霉素、1 000μg/ml链霉素无血清细胞培养液（DMEM、1640 培养液等）作 5 倍稀释后，进行适当研磨，冻融一次，在 4℃ 3 000r/min 离心 10 ~ 15min，取上清液，0.22μm 滤膜滤器过滤。分装，−20℃保存备用。

5.4 病毒分离培养

乳猪肾原代细胞、原代胎猪甲状腺细胞或传代细胞 PKl5、传代猪睾丸细胞系（ST 细胞）。初代分离最好选择原代胎猪甲状腺细胞和 ST 细胞。生长旺盛的细胞，弃去培养液，并以无血清培养液洗涤细胞单层 2 ~ 3 次，在细胞单层中以培养液的 1/10 接种滤过病毒液，于 37℃吸附 1h 后补加病毒培养液，逐日观察细胞病变（CPE），连续 3 ~ 4d。根据 CPE 变化情况可盲传 2 ~ 3 代。原代仔猪肾细胞需要盲传 4 ~ 5 代才可能出现轻微细胞病变，在上述细胞培养液中加入 1% 二甲基亚砜将会促进细胞病变的早日出现。随着传代次数的增多，细胞病变逐渐明显，完全适应细胞后，在 24h 就可以出现明显的细胞病变。细胞表现为颗粒增多，圆缩，呈小堆状或葡萄串样均匀分布，细胞破损，脱落等细胞病变。

6 病毒鉴定

6.1 电镜和免疫电镜检测

6.1.1 材料准备

6.1.1.1 器材 电子显微镜、冷冻离心机、微孔滤器、微管移液器及配套吸头、温箱等。

6.1.1.2 溶液 磷钨酸溶液、PBS 液（配制方法见附录）。

6.1.1.3 抗体 TGE 标准阳性血清由国际兽疫局 TGE 参考实验室提供或者按国际兽疫局规定的方法制备及认定。

6.1.2 电镜检测操作程序

6.1.2.1 病毒细胞培养物离心处理：细胞培养物 4℃ 条件下 3 000 ~ 5 000r/min 离心 30min，弃沉淀，上清 4℃条件下 8 000r/min 离心 30minn，取上清在 31 000g 离心 60min，弃上清液，沉淀物以少量 1640 培养液悬浮。

6.1.2.2 电镜观察：取稀释后的离心物，用 2% 磷钨酸负染后电镜观察。

6.1.2.3 结果判定：在电镜下观察，病毒大小为 80 ~ 120nm，呈圆形、椭圆形或多边形；有囊膜，膜上有花瓣状突起，长约 18 ~ 24 nm。

6.1.3 免疫电镜检查

6.1.3.1 样品的处理：细胞培养物 4℃ 条件下 3 000 ~ 5 000r/min 离心 30min，弃沉淀，取上清液 4℃ 条件下 8 000r/min 离心 30min。

6.1.3.2　抗血清处理：抗血清56℃灭活30min，用0.01mol/L PBS（pH 7.2）稀释成工作浓度，1 000r/min 离心10min，取上清液。

6.1.3.3　样品贮存：取处理样品上清液0.5ml加处理后的抗血清0.5ml，37℃温箱育1h，转移自4℃冰箱过夜（约18h），1 200r/min离心15min取沉淀，铺于铜网上，pH 7.0磷钨酸进行染色，进行电镜观察。

6.1.3.4　判定结果：根据电镜下观察到的免疫复合物数量及所含病毒粒子的多少来确定阳性判定标准。

"＋"为在5个观察网孔内看到由1～5个典型的病毒粒子形成的一堆免疫复合物。

"＋＋"为在5个观察网孔内看到由6～50个典型的病毒粒子形成的一堆免疫复合物。

"＋＋＋"为在5个观察网孔内看到由51～500个典型的病毒粒子形成的一堆免疫复合物。

"＋＋＋＋"为在5个观察网孔内看到由500个以上病毒粒子形成的几堆免疫复合物。

6.2　间接免疫荧光法

6.2.1　器材：荧光显微镜、冰冻切片机、载玻片、盖玻片、滴管、湿盒、温箱等。

6.2.2　荧光抗体：TGEV标准阳性血清、阴性血清，由国际兽疫局TGE参考实验室提供或者按国际兽疫局规定的方法制备及认定。一抗可用多克隆抗血清，但最好是抗TGEV S或N蛋白单克隆抗体。

6.2.3　样品的采集与制备：在细胞瓶中加盖玻片培养，细胞培养盖玻片接毒24～48h及感染TGEV的细胞阳性对照片、正常细胞细胞阴性取出，在PBS中洗3次，风干，于冷丙酮中固定15min，再置于PBS中浸10～15min，风干或自然晾干。

6.2.4　加一抗：将一抗稀释成工作浓度，加在样品玻片上，放在湿盒里，37℃恒温恒湿染色30min，取出后用PBS冲洗3次，依次为3min、4min、5min，风干或自然晾干。

6.2.5　荧光染色：用2/10 000伊文思蓝溶液（附录4）将荧光标记的二抗稀释至工作浓度，4 000r/min离心10min，取上清液滴于标本上，37℃恒温恒湿染色30min，取出后用PBS冲洗3次，依次为3min、4min、5min，风干。于风干的标本片上滴加磷酸盐缓冲甘油，用盖玻片封固，尽快做荧光显微镜检查。若当日检查不完可将荧光片置4℃冰箱保存，不超过48h。

6.2.6　结果判定：被检标本的细胞结构应完整清晰，在阳性、阴性对照片成立时判定，细胞核暗黑色、胞浆呈苹果绿色判为阳性，所有细胞浆中无特异性荧光判定为阴性。

强阳性（＋＋＋＋）：胞浆内可见闪亮的苹果绿色荧光。

阳性（＋＋＋）：胞浆内为明亮的苹果绿色荧光。

阳性（＋＋）：胞浆内呈一般苹果绿色荧光。

弱阳性（＋）：胞浆内可见微弱荧光，但清晰可见。

阴性（－）无特异性荧光，细胞浆被伊文思蓝染成红色，胞核黑红色。

6.3　病毒中和试验

6.3.1　器材

微量加液器及配套吸头、培养箱、倒置显微镜、24孔塑料板或细胞培养瓶。

6.3.2 抗体

TGEV 标准阳性血清、阴性血清，由国际兽疫局 TGE 参考实验室提供或者按国际兽疫局规定的方法制备及认定。

6.3.3 操作程序

6.3.3.1 测定病毒的效价 将细胞培养毒作 10 倍连续稀释，采用 24 孔塑料板或细胞培养瓶，每个稀释度接种 4 孔（瓶）细胞，37℃吸附 1h，加入维持液，放入 37℃继续培养，并逐日观察，并记录细胞病变数，直至 5d，观察结束，计算 $TCID_{50}/0.1ml$。

6.3.3.2 按 Karber 方法计算出 $TCID_{50}/0.1ml$ TGEV 分离毒株分别与 TGEV 标准阳性血清作微量中和试验。阳性血清、阴性血清需经 56℃ 30min 灭能。

6.3.3.3 对照设立

——细胞对照：设 4 孔正常细胞对照，加稀释液 1.0ml。

——阴性对照：设 4 孔阴性对照，每孔加阴性血清和 $100TCID_{50}/0.1ml$ 病毒悬液各 0.5ml。振荡 3～5min，置 37℃中和 1h，加入到细胞单层，吸出接种液，加入无血清培养液，37℃培养。

6.3.3.4 中和实验

将 1∶10 稀释阳性血清和 $100TCID_{50}/0.1ml$ 病毒各 0.5ml，振荡 3～5min，置 37℃中和 1h 后，加入到细胞单层，37℃吸附 1h，吸出接种液，加入无血清培养液，37℃培养，观察 5d，在对照病变明显的情况下，确定对病毒的中和情况。

6.3.4 结果判定

经 1∶10 稀释的 TGEV 标准阳性血清能与病毒中和，使 50% 以上的细胞不出现 CPE 者判为阳性。

6.4 双抗体夹心 ELISA

6.4.1 材料准备

6.4.1.1 器材：微量加液器及配套吸头、96 孔聚乙烯微量反应板、酶标测定仪、洗板机。

6.4.1.2 抗体样品：猪抗 TGE-IgG 及猪抗 TGE-IgG-HRP。按说明书使用。

6.4.1.3 待检样品制备：待检样品取发病猪粪便或病仔猪肠内容物。以浓盐水 1∶5 稀释，3 000r/min 离心 20min，取上清液，分装，-20℃保存备用。

6.4.2 操作程序：洗板机冲洗包被板，向各孔注入洗液 200μl，吸尽后，再注入洗液，重复 5 次。甩干孔内残液（冲洗下同）。

6.4.2.1 包被抗体：用包被稀释液稀释猪抗 TGE-IgG 至使用倍数，每孔加 100μl，置 4℃过夜，弃液，冲洗同上。

6.4.2.2 加样：将制备的被检样品用样品稀释液做 5 倍稀释，加入两个孔，每孔加 100μl，每块反应板设阴性抗原、阳性抗原及稀释液对照各两孔，置 37℃作用 2h，弃液，冲洗同上。

6.4.2.3 加酶标抗体：每孔加 100μl 经酶标抗体稀释液稀释的到使用浓度的猪抗 TGE-IgG-HRP，置 37℃ 2h，冲洗同上。

6.4.2.4 每孔加新配制的底物溶液 100μl，37℃ 30min。每孔加终止液 50ml，置室温 15min，终止反应。

6.4.3 结果判定：用酶标测试仪在波长 492nm 下，测定 OD 值，阳性抗原对照两孔平均

OD 值 >0.8（参考值），阴性抗原对照两孔平均 OD 值≤0.2 为正常反应。按以下两个条件判定结果：P/N 值≥2，且被检抗原两孔平均 OD 值≥0.2 判为阳性，否则为阴性。

6.5　单克隆抗体间接竞争 ELISA

6.5.1　材料准备

6.5.1.1　器材：微量加液器及配套吸头、96 孔聚乙烯微量反应板、酶标测定仪、洗板机。

6.5.1.2　标准抗体和抗原样品：抗 TGEV N 蛋白 McAb 和纯化的重组 N 蛋白，按说明书使用。

6.5.1.3　待检样品制备：待检样品取发病猪粪便或病仔猪肠内容物用 2 倍生理盐水稀释，反复冻融 3 次，以 5 000r/min 4℃离心 15min，再以 10 000r/min 4℃离心 15min，取上清液，加等体积的裂解液，4℃作用 30min。

6.5.2　操作程序：洗板机冲洗包被板，向各孔注入洗液 200μl，吸尽后，再注入洗液，重复 5 次。甩干孔内残液（冲洗下同）。

6.5.2.1　包被检测抗原：将纯化的重组 TGEV N 蛋白，以样品稀释液稀释成浓度为 0.173mg/ml，各反应孔加入 100μl，4℃包被 12h。

6.5.2.2　封闭：甩去包被液，洗板机冲洗包被板 5 次，每孔加入封闭液 200μl，37℃封闭 2h 或 4℃过夜封闭。

6.5.2.3　样品与抗体作用：制备好的待测样品加等体积稀释好的单克隆抗体混合，37℃作用 60min。

6.5.2.4　加样：将样品与单抗作用后的混合液 200μl 加入洗涤后的各反应孔，每个样品加入两个孔，每块反应板设阴性抗原、阳性抗原及稀释液对照各两孔，置 37℃作用 40min，弃液，冲洗同上。

6.5.2.5　加酶标记二抗，将稀释工作浓度的酶标二抗加入各反应孔中，每孔 100μl，37℃作用 40min 后，弃液，冲洗同上。

6.5.2.6　每孔加新配制的底物溶液 100μl，置 37℃ 30min。每孔加终止液 50ml，置室温 15min，终止反应。

6.5.3　结果判定：用酶标测试仪在波长 492nm 下，测定 OD 值，计算抑制率均值置信度区间，并用判定法确定阳性值。

抑制率 =（阴性对照 N 的 OD 值 – 样品 P 的 OD 值）/阴性对照 N 的 OD 值。判定阳性标准为当 N >0.9，N-P >0.2，抑制率大于 14.5% 为阳性。

6.6　病毒核酸检测（多聚酶链式反应，PCR）

6.6.1　材料准备

6.6.1.1　样品采集：发病猪粪便样品，死亡猪取空肠内容物。

6.6.1.2　主要试剂：总 RNA 提取试剂 TRIZOL、REAGENT、TaqDNA 聚合酶、dNTPs、反转录酶、低熔点琼脂糖。

6.6.1.3　引物：上游引物 5′AACTTCGAAATGGCCAACC3′
　　　　　　　　下游引物　5′AGCTCGAGCATCTCGTTTAG3′

6.6.2　操作程序

6.6.2.1　样品处理：粪便组织用病毒裂解液稀释为 1∶10，充分混旋后室温静止 10min，取 200μl Trizol 试剂混合 10min，加入 400μl 氯仿混旋 10min 后室温静止 10min，4℃

12 000g离心10min，取氯仿层，加2倍体积的异丙醇−20℃沉淀30min以上，4℃1 300r/min离心10min，取沉淀用70%乙醇溶解，4℃12 000g离心10min，沉淀物风干后，用20μl DEPC无离子水溶解，−20℃保存备用。

6.6.2.2　逆转录：反应体系中加入模板RNA 7μl，5 ×buffer 4μl，dNTP 4μl，RNase Inhibitor 0.5μl，引物（上游）1μl，禽源反转录酶2μl，dH$_2$O 1.5μl，总体积20μl，置室温10min后，置42℃1h，0℃冷却2min，−20℃备用。

6.6.2.3　PCR：取上述3μl cDNA为模板，dNTP（2.5mM）4μl，10 × buffer 5μl，上下游引物各1μl，TaqDNA聚合酶0.5μl，ddH$_2$O加至50μl置入PCR仪扩增。反应程序：95℃2min，95℃1min，53.8℃退火1.5min，72℃延伸1.5min，进行30个循环，最后延伸5min。反应结束后PCR产物在1%琼脂糖凝胶电泳，紫外光下检测结果。

6.6.2.4　琼脂糖凝胶电泳检测PCR产物：称取0.12g琼脂糖溶于15ml TAE缓冲液中，微波炉加热溶解后冷却至50~60℃，加入7.5μl 1mg/ml溴化乙锭（EB）溶液混匀至浓度为0.05%，再将其倒入准备好的凝胶板中。待胶凝固后，在加样孔分别加入PCR产物样品及标准的DNA Marker DL15 000样品，50伏电压电泳1h左右后，在紫外检测仪下观察电泳结果。

6.6.3　PCR产物的鉴定

0.8%琼脂糖凝胶电泳结果应得到约1 100bp的N基因PCR产物。

6.6.4　PCR产物的酶切鉴定

选用N基因酶切图谱上的限制性内切酶Hind Ⅲ、Pst Ⅰ、Xba Ⅰ对回收后的PCR产物进行酶切，应得到约350bp和700bp及450bp和700bp四个预期大小的片段。

附录

1　细胞培养液

10%灭活犊牛血清的1640培养液，加100IU/μg青霉素、链霉素，细胞换液血清含量为5%。用5.6%碳酸氢钠（NaHCO₃）调pH至7.2。

2　病毒培养液

1640培养液、1% Hepes缓冲液、1%二甲基亚砜（DMSO）、5~10μg/ml胰酶（原代肾细胞为5μg/ml）、青霉素100IU/ml、链霉素100μg/ml，以5.6% NaHCO₃调pH至7.2。

3　HEPES液的配制

称取0.2385gHEPES溶于100ml无离子水中，用1mol/L NaOH调整pH至7.0~7.2，过滤后置4℃备用。

4　0.1%伊文思蓝原液的配制

称取伊文思蓝0.1g溶于100ml 0.02mol/L pH 7.2 PBS中，4℃保存，使用时稀释成0.02%浓度。

5　包被稀释液的配制

0.1mol/L pH 9.5碳酸盐缓冲液：0.1mol/L碳酸钠液：称取碳酸钠10.6g，加无离子水至1 000ml。

0.1mol/L碳酸氢钠液：称取碳酸氢钠8.4g，加无离子水至1 000ml。量取0.1mol/L碳酸钠液200ml，0.1mol/L碳酸氢钠液700ml，混合即成。

6　样品稀释液的配制

加0.05%吐温-20及5%明胶的0.02mol/L pH 7.2碳酸缓冲液。

7　酶标抗体稀释液的配制

加0.05%吐温-20，1%明胶及5%灭活犊牛血清的0.02mol/L pH 7.2磷酸缓冲液。

8　底物溶液的配制

pH 5.0磷酸盐—柠檬酸缓冲液（内含0.04%邻苯二胺及0.045%过氧化氢）。

pH 5.0磷酸盐—柠檬酸缓冲液：称取柠檬酸21.01g，加无离子水至1 000ml，量取243ml与0.2mol/L磷酸氢二钠液257ml混合，于4℃冰箱中保存不超过1周。

称取40mg邻苯二胺，溶于100ml pH 5.0磷酸盐柠檬酸缓冲液中（用前从4℃冰箱中取出，在室温下放置20~30min），待溶解后，加入150μl过氧化氢。

9　终止液的配制

2mol/L硫酸，量取浓硫酸6ml加入48ml无离子水混匀。

10 封闭液的配制

0.5g 聚乙烯醇加入 100mlPBS 溶液，室温完全溶解后 4℃保存。

11 病毒裂解液配制

在 500mm/L Tris-HCl 中加入 2% PVP-40（Sigma），1% PEG6000，140mm/L NaCl 和 0.05% Tween 20，调节 pH 为 8.3，4℃保存备用。

12 蛋白酶 K

配制成 20mg/ml 的储存液，-20℃保存。

13 核酸电泳缓冲液（TAE）

浓贮存液（每升）50×：

Tris 碱	242g
冰乙酸	57.1ml
EDTA（0.5mol/L，pH 8.0）	100ml

使用液 1×：

Tris-乙酸	0.04mol/L
EDTA	0.001mol/L

参考文献

［1］殷震，刘景华．动物病毒学．第二版．北京：科学出版社，1997

［2］Saif L. J., Wesley R.. Transmissible gastroenterisis virus. In：Diseases of Swine, Seventh Edition, Leman A. D. et al., eds. Iowa State University Press, Ames, Iowa, USA, 1992, 362~368

［3］唐丽杰，李一经．RT-PCR 快速诊断猪传染性胃肠炎，黑龙江畜牧兽医，2002，12：26~27

［4］王继科，马思奇，王明等．猪流行性腹泻与猪传染性胃肠炎病毒的电镜与免疫电镜观察，中国预防兽医学报，1999，21（3）：192~193

［5］NY/T 548—2002 猪传染性胃肠炎诊断技术

猪流行性腹泻病毒资源检测技术规程

起草单位：东 北 农 业 大 学
　　　　　中国兽医药品监察所

前　言

猪流行性腹泻（PED）是由猪流行性腹泻病毒（PEDV）引起的一种猪肠道传染病，以水泻、呕吐和脱水为特征。各种年龄的猪均易感，哺乳仔猪、架子猪或育肥猪的发病率可达100%，尤其哺乳仔猪受害最严重。本病主要发生在冬季，夏季也可发生。

PED于1971年首先发现于比利时和英国的一些种猪场，在各种年龄的猪群中暴发了急性腹泻。此后许多国家均有PED流行的报道，我国从20世纪80年代初开始陆续有本病的流行。目前，该病已成为亚洲各国普遍存在的地方病，引起严重的经济损失。该病由冠状病毒科冠状病毒属抗原I群的猪流行性腹泻病毒（PEDV）引起，PEDV与猪传染性胃肠炎病毒（TEGV）同属冠状病毒属成员，二者在病毒粒子形态、引起疾病的临床症状及流行病学方面极为相似，难以区分，但无任何抗原交叉关系。

猪流行性腹泻病毒的检测是对其进行保存、评价和利用的前提条件，是确保微生物资源保藏质量的基本保障。制定本规程的目的是为保证猪流行性腹泻病毒资源的质量，规范猪流行性腹泻病毒的检测。

本规程是由国家自然科技资源平台建设项目提出，在综合国内外科研成果的基础上，参考我国现有猪流行性腹泻诊断的农业行业标准（NY/T 544—2002）、动物卫生法规及国家相关政策和措施制定的。

本规程起草单位：东北农业大学，中国兽医药品监察所。

本规程主要起草人：李一经、葛俊伟、唐丽杰、陈敏。

目　次

猪流行性腹泻病毒资源检测技术规程

1 范围

本规程规定了猪流行性腹泻病毒的实验室检测程序和方法。

本规程适用于猪及其产品、培养物及生物制品中猪流行性腹泻病毒的检测。

2 规范性引用文件

下列文件中的条款通过本规程的引用而成为本规程的条款。凡是注日期的引用文件，其随后所有的修改单（不包括勘误的内容）或修订版均不适用于本规程，但鼓励根据本规程达成协议的各方，研究是否使用这些文件的最新版本。凡是不注日期的引用文件，其最新版本适用于本规程。

GB 19489—2004　实验室生物安全通用要求

GB 6682—92　分析实验室用水规格和试验方法

NY/T541—2002　动物疫病实验室检测采样方法

NY/T544—2002　猪流行性腹泻诊断技术

3 术语、定义、缩略语和符号

下列术语、定义、缩略语和符号适用于本规程。

3.1 猪流行性腹泻病毒（Porcine epidemic diarrhea virus，PEDV）

猪流行性腹泻病毒属于冠状病毒科冠状病毒属 I 群的成员，是引起的一种猪肠道传染病猪流行性腹泻的病原。该病以水泻、呕吐和脱水为特征；各种年龄的猪均易感，哺乳仔猪、架子猪或育肥猪的发病率可达 100%；在 5 日龄以下的猪可以引起 100% 死亡，而在 10 日龄以上的猪死亡率不超过 10%。

3.2 非洲绿猴肾二倍体细胞（Vero）

3.3 N-2-羟乙基哌嗪-N'-2-乙烷磺酸（Hepes）

3.4 细胞病变效应（CPE）

3.5 酶联免疫吸附试验（ELISA）

3.6 磷酸盐缓冲盐溶液（PBS）

3.7 反转录–聚合酶链式反应（RT-PCR）

4 病毒的分离

4.1 样品的采集与处理

4.1.1 死猪样品

空肠及其肠内容物或粪便。

脏器组织：可采肠系膜淋巴结脏器等。

4.1.2 活猪样品

使用直肠拭子或可取其粪便。

4.1.3 样品处理

拭子处理：采集的拭子放入装有 1.0ml PBS（pH 值 7.0 ~ 7.4，含青霉素 10 000IU/ml，链霉素 10mg/ml）的离心管中，静置作用 30min。粪便样品则用抗生素溶液制成 20%（w/v）悬液。粪便和直肠拭子所用抗生素浓度应提高 3 ~ 5 倍。

脏器样品处理：取样品于灭菌的玻璃研磨器研磨，用 PBS 配成 10% 悬液，含 1/10 体积的抗生素（根据情况抗生素可以选用青霉素 2 000 单位/ml；链霉素 2mg/ml；庆大霉素 50μg/ml；制霉菌素 1 000 单位/ml 等）。

取粪便、组织悬液至离心管内，在 4℃ 条件下 3 000r/min 离心 30min，取上清液，经 0.22μm 微孔滤膜过滤，取滤液备用。

4.2 样品的存放与运送

采集或处理的样品在 2 ~ 8℃ 条件下保存应不超过 24h；如果需长期保存，需放置 -70℃ 条件，但应避免反复冻融（最多冻融 3 次）。采集的样品密封后，放在加冰块的保温桶内，低温尽快送往实验室。

4.3 病毒的细胞培养

4.3.1 材料准备

4.3.1.1 器材

倒置显微镜、冷冻离心机、微孔滤器、细胞培养瓶、载玻片、盖玻片、温箱等。

4.3.1.2 培养基及溶液配制

磷酸盐缓冲液（PBS）、细胞培养液、细胞培养维持液、HEPES 液（配制方法见附录）。

4.3.1.3 细胞

Vero 细胞系。

4.3.2 样品处理液接种细胞及观察

将过滤液（其体积约为病毒培养液的 10%）接种于 Vero 细胞单层上，同时加过滤液量 50% 的病毒培养液，37℃ 吸附 1h，添加至病毒培养液总量，置 37℃ 培养，逐日观察 3 ~ 4d，按 CPE 变化情况，可盲传 2 ~ 3 代。CPE 变化的特征是细胞面粗糙，颗粒增多，有多核细胞（7 ~ 8 个甚至更多），并可见空斑样小区，细胞逐渐脱落。

5 病毒的鉴定

PEDV 病毒的鉴定可通过免疫电镜试验、免疫荧光试验、双抗体夹心 ELISA 试验、RT-PCR 或 RT-nPCR 进行鉴定。

5.1 免疫电镜观察

5.1.1 材料准备

5.1.1.1 器材

电子显微镜、冷冻离心机、微孔滤器、微管移液器及配套吸头、温箱等。

5.1.1.2 溶液

磷钨酸溶液、PBS 液（配制方法见附录）。

5.1.2 操作程序

细胞培养物收获之后，反复冻融 3 次，经 3 000r/min 离心 30min。取上清液，用磷钨酸负染技术，在电镜下观察，可见到冠状病毒粒子。如将感染猪小肠或病毒细胞培养物制成超薄切片在电镜下观察，则可从平面上观察到病毒的内部结构，形态大小，复制方式等。但由于 PED 病毒与猪传染性胃肠炎（TGE）病毒粒子在形态上尚难区分，要做鉴别及准确定性尚需借助于免疫电镜（IEM）技术，IEM 实验操作步骤如图示。

5.1.3 判定结果

根据电镜下观察到的免疫复合物数量及所含病毒粒子的多少来确定阳性判定标准。

"＋"为在 5 个观察网孔内看到由 1～5 个典型的病毒粒子形成的一堆免疫复合物。

"＋＋"为在 5 个观察网孔内看到由 6～50 个典型的病毒粒子形成的一堆免疫复合物。

"＋＋＋"为在 5 个观察网孔内看到由 51～500 个典型的病毒粒子形成的一堆免疫复合物。

"＋＋＋＋"为在 5 个观察网孔内看到由 500 个以上病毒粒子形成的几堆免疫复合物。

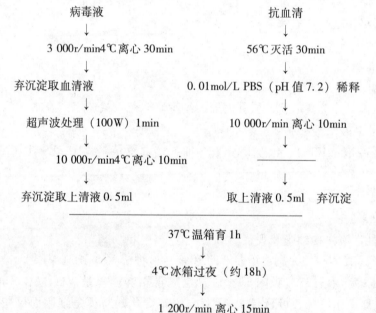

图　免疫电镜（IEM）实验操作步骤

5.2 免疫荧光法

5.2.1 材料准备

5.2.1.1 器材

荧光显微镜、冷冻切片机、载玻片、盖玻片、温箱、滴管等。

5.2.1.2　溶液配制

磷酸盐缓冲液（PBS）、0.1％伊文思蓝原液、磷酸盐缓冲甘油（配制方法见附录）。

5.2.1.3　荧光抗体

猪抗 PEDV IgG、荧光标记的抗猪 IgG 抗体。

5.2.2　操作程序

将分离毒细胞培养 24～48h 的盖玻片及感染 PEDV 的 Vero 阳性对照片、正常 Vero 细胞阴性对照片在 PBS 中冲洗数次，放入冷丙酮中固定 10min，再置于 PBS 中浸泡 10～15min，风干。用 2/10 000 伊文氏蓝溶液将猪抗 PEDV IgG 稀释至工作浓度，4 000r/min 离心 10min，取上清液滴于风干标本上，37℃恒温恒湿染色 30min，用 PBS 冲洗 3 次，再加稀释到工作浓度的荧光标记的抗猪 IgG 抗体，37℃恒温恒湿染色 30min，用 PBS 冲洗 3 次，风干或自然干燥。滴加磷酸盐缓冲甘油，加盖玻片封固，荧光显微镜检查。

5.2.3　结果判定

在荧光显微镜下检查，被检标本的细胞结构应完整清晰。并在阳性、阴性对照均成立时判定，在胞浆中见到特异性苹果绿色荧光判定为阳性，如所有细胞浆中无特异性荧光判定为阴性。

可根据细胞内荧光亮度强、弱记录：

＋＋＋＋：呈闪亮的苹果绿色荧光。

＋＋＋：呈明亮的苹果绿色荧光。

＋＋：呈一般苹果绿色荧光。

＋：呈较弱绿色荧光。

－：呈红色。

凡"＋"以上者判定为阳性。

5.3　双抗体夹心 ELISA

5.3.1　材料准备

5.3.1.1　器材

定量加液器、微管移液器及配套吸头、96 孔或 40 孔聚乙烯微量反应板、酶标测定仪。

5.3.1.2　溶液

洗液、包被稀释液、样品稀释液、酶标抗体稀释液、底物溶液、终止液（配制方法见附录）。

5.3.1.3　猪抗 PED-IgG 及碱性磷酸酶标记的抗猪 IgG 抗体（即酶标二抗）。

5.3.2　待检样品制备

细胞培养物收获之后，反复冻融 3 次，3 000r/min 离心 20min，取上清液待检。

5.3.3　操作程序

5.3.3.1　包被抗体

用包被稀释液稀释猪抗 PEDV-IgG 至使用倍数，每孔加 100μl，4℃过夜，弃液。向板孔内注入洗液，浸泡 3min，甩干，再注入洗液，重复 3 次。甩干孔内残液，在滤纸上吸干（冲洗下同）。

5.3.3.2　加样

将被检样品做 5 倍稀释，加入两孔，每孔 100μl，每块反应板设阴性抗原、阳性抗原及稀释液对照各两孔，置37℃感作2h，冲洗3次，方法同上。

5.3.3.3 加酶标抗体

每孔加100μl经酶标抗体稀释液稀释至使用浓度的猪抗PEDV-IgG-HRP，置37℃ 2h，冲洗同上。每孔加新配制的底物溶液100μl，置37℃ 30min。每孔加终止液50ml，置室温15min，判定结果。

5.3.4 结果判定

用酶标测试仪在波长492nm下，测定OD值，阳性抗原对照两孔平均OD值 > 0.8（参考值），阴性抗原对照两孔平均OD值≤0.2为正常反应。按以下两个条件判定结果：P/N值≥2，且被检抗原两孔平均OD值≥0.2判为阳性，否则为阴性。

5.4 RT-PCR 或 RT-nPCR 鉴定

5.4.1 材料准备

5.4.1.1 器材

微量移液器及配套吸头、PCR仪、核酸电泳设备等。

5.4.1.2 溶液配制

0.02mol/L pH 7.2磷酸盐缓冲液（PBS）、10%SDS、蛋白酶K、TAE（配制方法见附录）。

5.4.1.3 引物

第一套引物：应用嵌套式RT-PCR技术从发病猪粪便中扩增出猪流行性腹泻病毒的M基因，即检测以PEDV M基因为靶基因。

外引物 L12：5′-ACACCTATAGGGCGCCTGTA-3′；

L13：5′-AACCCTAAGAGGGGCATAGA-3′；

其中，L12和L13为PCR扩增引物；L13为合成cDNA引物，即反转录引物。

其扩增产物应为854bp，包括完整的M基因的开放阅读框架；反应程序：95℃ 2min，95℃ 1min，58℃退火1.5min，72℃延伸1.5min，进行30个循环，最后延伸5min。

内引物 PA5′-GGGCGCCTGTATAGAGTTTA -3′；

PB5′-AGACCACCAAGAATGTGTCCO3′，其扩增产物应为412bp。

第二套引物：该引物用于检测PEDV M基因。

P1：5′-GGACACATTCTTGGTGGTCT- 3′；

P2：5′-GTTTAGACTAAATGAAGCACTTC-3′；

P3：5′- GCCATAAAGTTTCTGTTTAGACTAA- 3′。

其中，P1和P2为PCR扩增引物；P3为合成cDNA引物。反应条件为：94℃ 2min，58℃ 1min，72℃ 2min，一个循环；94℃ 1min，58℃ 1min，72℃ 1min，40个循环；94℃ 2min，58℃ 2min，72℃ 2min，一个循环。其扩增产物应为377bp。

第三套引物：该引物用于检测PEDV N基因。

外引物

PEDV/N-F：5′TTGGCATTTCTACTACCTCGGA-3′；

PEDV/N-R：5′AGATGAAAAGGTACTGCGTTCC3′。

95℃ 2.5min，94℃ 1min，47℃退火1.5min，72℃延伸1.5min，进行35个循环。其扩增产物应为1 327bp。

内引物

PEDV/N-F2：5′AGGAACGTGACCTCAAAGACATCCC3′；

PEDV/N-R2：5′CCAGGATAAGCCGGTCTAACATTG3′。

反应条件为：94℃1.5min，47℃退火1.5min，72℃延伸1.5min，进行30个循环，最后延伸10min。其扩增产物应为540bp。

使用时，可选择以上三套引物中的任何一套或联合并用。

5.4.2　操作方法

5.4.2.1　总RNA提取

可以选购病毒RNA提取试剂盒按产品使用说明纯化病毒RNA或利用蛋白酶K-SDS法提取病毒RNA。取粪便以1∶10的比例进行稀释，差速离心后，取上清液加入等体积的粪便裂解液，室温静置10min，2 000g离心5min后，取上清液437μl于DEPC处理的1.5ml离心管中，加入蛋白酶K（12.5μl）至终浓度为500μg/ml，10% SDS至终浓度为1%，37℃水浴30min；加入等体积的酚/氯仿，轻轻混匀，12 000g离心5min，取上清再用氯仿抽提一次，上清液加入1/10体积2mol/L乙酸钠和2.5倍体积的无水乙醇，−20℃放置2h；4℃以15 000g离心15min，小心吸弃上清液，用70%冷乙醇洗涤沉淀，室温干燥后，加适量（约12μl）无菌去离子水溶解核酸沉淀，−20℃保存备用。

5.4.2.2　RT-PCR反应（以第一套引物为例）

以上所列三套引物所用的操作方法相同，因此，以第一套引物为例，叙述操作方法。用鼠源反转录酶合成cDNA，反转录引物1μl，RNA 3μl，dNTP（2.5mM）4μl，DEPC水4μl，65℃水浴5min，冰浴降温5min，离心去气泡，加入4μl 5×buffer，2μl DTT，1μl RNA酶抑制剂，M-MLV 1μl，70℃水浴15min终止反应。取上述3μl cDNA为模板，dNTP（2.5mM）4μl，10×buffer 5μl，上下游引物各1μl，TaqDNA聚合酶0.5μl，ddH₂O加至50μl置入PCR仪扩增。反应结束后PCR产物在1%琼脂糖凝胶电泳，紫外光下检测结果。

5.4.2.3　嵌套式PCR

10×buffer 5μl，dNTP（2.5mM）4μl，上述PCR产物3μl，PA 1μl，PB 1μl，TaqDNA聚合酶0.5μl加ddH₂O至50μl，置入PCR仪95℃2min，95℃30s，55℃退火30s，72℃延伸30s，进行40个循环，最后延伸10min，反应结束后，PCR产物在1.2%脂糖凝胶下电泳，紫外光下检测结果。

5.4.2.4　结果

应用外引物从病猪粪便中扩增出DNA片段，经1.2%琼脂凝胶电泳分析为854bp的目的基因片段，可初步断定导致猪群发病的病原体中含有猪流行性腹泻病毒。进一步用内引物经嵌套式PCR扩增出的DNA片段，经1.2%琼脂凝胶电泳分析为412bp的目的基因片段，可确定导致猪群发病的病原体为猪流行性腹泻病毒。

附录

1 0.02mol/L pH 7.2 磷酸盐缓冲液（PBS）的配制

1.1 0.2mol/L 磷酸氢二钠溶液

　　磷酸氢二钠（$Na_2HPO_4 \cdot 12H_2O$）71.64g；

　　无离子水加至 1 000ml。

1.2 0.2mol/L 磷酸二氢钠溶液

　　磷酸二氢钠（$NaH_2PO_4 \cdot 2H_2O$）31.21g；

　　无离子水加至 1 000ml。

1.3 0.2mol/L 磷酸氢二钠溶液 360ml

　　0.2mol/L 磷酸二氢钠溶液 140ml；

　　氯化钠（NaCl）38g；

　　无离子水加至 5 000ml，4℃保存。

2 细胞培养液的配制

　　含 10% 灭活犊牛血清的 MEM 营养液，加 100IU/ml 青霉素及 100μg/ml 链霉素，用 5.6% 碳酸氢钠（$NaHCO_3$）调 pH 至 7.2，如需换维持液则血清含量为 5%。

3 细胞培养维持液的配制

　　MEM 培养液中加下列成分使最终浓度达到：1% Hepes 缓冲液，1% 二甲基亚砜（DMSO），5～10μg/ml 胰酶，100IU/ml 青霉素、100μg/ml 链霉素，以 5.6% 碳酸氢钠（$NaHCO_3$）调 pH 至 7.2。

4 Hepes 液的配制

　　称取 0.2385g Hepes 溶于 100ml 无离子水中，1mol/L 氢氧化钠（NaOH）调整 pH 7.0～7.2，过滤后置 4℃备用。

5 磷钨酸溶液

　　用蒸馏水配成 2% 的磷钨酸溶液，以 1mol/L 的氢氧化钠或氢氧化钾调整成 pH 值 6.8，过滤后置 4℃备用。

6 0.1%伊文斯蓝原液的配制

　　称取伊文斯蓝 0.1g 溶于 100ml 0.02mol/L pH 7.2 PBS（见本附录 .1 项）中，4℃保存，使用时稀释成 0.02% 浓度。

7 磷酸盐缓冲甘油的配制

　　量取丙三醇 90ml，0.02mol/L pH 7.2 PBS 10ml，振荡混合均匀，4℃保存。

8 洗液的配制

　　量取 50μl 吐温-20，加入 100ml 0.02mol/L pH 7.2 磷酸盐缓冲液。

9 包被稀释液的配制

0.1mol/L碳酸钠液　称取碳酸钠10.6g，加无离子水至1 000ml。

0.1mol/L碳酸氢钠液　称取碳酸氢钠8.4g，加无离子水至1 000ml。

量取0.1mol/L碳酸钠液200ml，0.1mol/L碳酸氢钠液700ml，混合即成。

10 样品稀释液的配制

加0.05%吐温-20及1%明胶的0.02mol/L pH 7.2碳酸缓冲液。

11 酶标抗体稀释液的配制

加0.05%吐温-20，1%明胶及5%灭活犊牛血清的0.02mol/L pH 7.2磷酸缓冲液。

12 底物溶液的配制

pH 5.0磷酸盐-柠檬酸缓冲液　称取柠檬酸21.01g，加无离子水至1 000ml，量取243ml与0.2mol/L磷酸氢二钠液（见附录.1）257ml混合，于4℃冰箱中保存不超过一周。

称取40mg邻苯二胺，溶于100ml pH值5.0磷酸盐-柠檬酸缓冲液中（用前从4℃冰箱中取出，在室温下放置20～30min），待溶解后，加入150μl过氧化氢，根据试验需要量可按此比例增减。

13 终止液的配制

2mol/L硫酸，最取浓硫酸4ml加入32ml无离子水混匀。

14 蛋白酶K

配制成20mg/ml的贮存液，-20℃保存。

15 核酸电泳缓冲液（TAE）

浓贮存液（每升）50×：

Tris碱	242g
冰乙酸	57.1ml
EDTA（0.5mol/L，pH值8.0）	100ml

使用液1×：

Tris-乙酸	0.04mol/L
EDTA	0.001mol/L

参考文献

［1］Pensaert M. B., in Straw B. E., D'Aallaire S., Mengeling W. L., and Taylor D. I. (eds), Disease of Swine, The Lowa University Press, Ames, IA, 1999, pp. 179～185

［2］Jinhui Fan, Yijing Li. Cloning and sequence analysis of the M gene of porcine epidemic diarrhea virus LJB/03, Virus Genes 2005, 30：69～73

［3］Shuichi KUBOTA, Osamu SASAKI, Katsuhiko AMIMOTO, Nobutaka OKADA, Takashi KITAZIMA and Hisao YASUHARA. Detection of Porcine Epidemic Diarrhea Virus Using Polymerase Chain Reaction and Comparison of the Nucleocapsid Protein Genes among Strains of the Virus J. Vet Med. Sci. 1999, 61（7）: 827～830

［4］Gorbalenya A. E. , Snijder E. J, Spaan W. J. , A comparative sequence analysis to revise the current taxonomy of the family Coronaviridae, J Virol 2004, 78: 7 863～7 866

［5］NY／T 544—2002 猪流行性腹泻诊断技术

［6］吴凌，李一经. 应用嵌套式 RT-PCR 技术快速诊断猪流行性腹泻. 甘肃畜牧兽医. 2004, 6: 2～4

［7］ChangHee Kweon, Jaegil Lee, Myungguk Han. rapid diagnosis of Porcine Epidemic Diarrhea Virus infection by Polymerase Chain Reaction. J. Vet. Med. Sci. 1997, 59（7）: 231～232

绵羊痘和山羊痘病毒
实验操作技术规程

起草单位：中国农业科学院兰州兽医研究所

　　　　　中 国 兽 医 药 品 监 察 所

前　言

绵羊痘和山羊痘（sheep pox and goat pox）是绵羊和山羊的病毒性疾病，是由绵羊痘病毒（sheep pox virus）和山羊痘病毒（goat pox virus）引起的一种接触性传染病，特征为发热、全身体表和内脏（特别是肺脏）痘疹，死亡率很高。世界动物卫生组织（OIE）将其列为 A 类动物疾病，我国列为一类动物疫病。

本规程根据《中华人民共和国动物防疫法》《病原微生物实验室生物安全管理条例》（国务院第 424 号令）及其他有关法律法规，参照世界动物卫生组织《陆生动物卫生法典》（Terrestrial Animal Health Code）标准性文件的有关部分和《陆生动物诊断试验和疫苗标准手册（2004 版）》（Manual of Diagnostic Tests and Vaccines for Terrestrial Animals，2004）推荐的方法，结合我国相关科技成果和实践经验制定而成，与国际先进技术保持一致。

本规程由国家自然科技资源平台建设项目提出。

本规程起草单位：中国农业科学院兰州兽医研究所，中国兽医药品监察所。

本规程主要起草人：刘湘涛、张强、陈敏、吴国华、颜新敏、李健、朱海霞、薛青红等。

目　次

绵羊痘和山羊痘病毒实验操作技术规程

1 适用范围

本规程规定了进行绵羊痘病毒（sheep pox virus）和山羊痘病毒（goat pox virus）实验室操作的技术要求。

本规程适用于绵羊痘病毒、山羊痘病毒的分离、鉴定和保藏。

2 引用文件

下列文件中的条款通过本标准的引用而成为本标准的条款。凡是注日期的引用文件，其随后所有的修改单（不包括甚勘误的内容）或修订版均不适用于本标准，然而，鼓励根据本标准达成协议的各方，研究是否可使用这些文件的最新版本。凡是不注日期的引用文件，其最新版本适用于本标准。

病原微生物实验室生物安全管理条例（国务院第 424 号令）

兽医实验室生物安全管理规范（2003 年农业部 302 号公告）

中华人民共和国国家标准 GB 19489—2004 实验室生物安全通用要求

中华人民共和国农业行业标准 NY/T 576—2002 绵羊痘和山羊痘诊断技术

3 基本要求

根据中华人民共和国农业部令第 53 号《动物病原微生物分类名录》，绵羊痘、山羊痘病毒为二类病原微生物，所有涉及病原的操作应在生物安全三级实验室内进行操作。

4 病毒分离操作技术规程

4.1 样品采集

4.1.1 组织病料

分离病毒和检测抗原应采取活体或剖检动物的皮肤丘疹，肺脏病变组织和淋巴结。取样最佳时间为出现临床症状后 1 周之内、形成中和抗体之前，此时期的病料可进行 ELISA 检测抗原，用于 PCR 检测病毒核酸的病料也可在抗体产生后采取。组织学检查的病料应包括病变周围组织。

4.1.2 血液

采集病毒血症期（全身性病变前或出现全身性病变 4d 以内）的血液，加入肝素或 EDTA（乙二胺四乙酸），可用其血沉后棕黄层分离病毒。

4.2 样品处理

4.2.1 组织病料处理

用于组织学检查的病料采集后迅速置于 10 倍体积的福尔马林溶液中，于 4℃或 −20℃保存运输，样品在检查前可于 4℃保存 2d。分离病毒的病料可用含 50%甘油的磷酸盐缓冲液保存（0.05mol/L，pH 7.6），于4℃或−20℃保存运输。

用于组织学检查的病料按标准操作技术准备，以 HE 染色。

分离病毒和检查抗原时，用无菌剪刀将病料剪碎，放入研钵，加入灭菌石英砂和磷酸盐缓冲液（0.06mol/L，pH 7.6，含青霉素钠 1 000IU/ml，硫酸链霉素 1mg/ml，制霉菌素 100IU/ml 或两性霉素 B 2.5 μg/ml，新霉素 200IU/ml）研磨，制成1:10悬液。将磨碎后的悬液冻融 3 次，台式离心机 1 000r/min 离心 10min，取上清接种羊睾丸细胞，每天用显微镜观察致细胞病变作用（CPE）。

4.2.2　血液处理

将抗凝血以 1 000r/min 离心 10min，用吸头小心地将血沉棕黄层移入 5ml 冰冷灭菌双蒸水中，30s 后加入 5ml 冰冷的 2 倍浓度的生长培养基，混匀。将混合物以 1000r/min 离心 15min，弃上清液，将沉淀物悬浮于 5ml 生长培养液，再以 1 000r/min 离心 15min，沉淀物用于接种细胞或直接进行分子生物学检测。

5　实验室鉴定操作技术规程

5.1　细胞中和试验

5.1.1　材料准备

5.1.1.1　细胞培养用营养液及溶液，配置方法见附录1。

5.1.1.2　绵羊睾丸细胞（ST）制备方法见附录2。

5.1.1.3　绵羊痘和山羊痘抗原及相应标准血清。

5.1.1.4　待检羊血清：以无菌手术自羊的颈静脉采血，并按常规方法分离血清。经56℃ 30min 灭活后使用。

5.1.1.5　待检羊组织抗原：见4.2.1。

5.1.2　操作方法一（检测血清抗体）

5.1.2.1　病毒稀释

按瓶签注明装量，用 Hank's 液（附录1）做 1:100 稀释。

5.1.2.2　加样

每份被检血清取试管 2 支，各加血清 0.5ml。然后，1 管加入等量病毒稀释液（中和试验用），另 1 管则加入等量 Hank's 液（血清毒性试验用）。另取 1 支试管加 Hank's 液 0.5ml，然后加入等量病毒稀释液（病毒对照用）。

5.1.2.3　中和

将各试管混合物摇匀后置37℃水浴1h，期间每15min振摇1次。

5.1.2.4　接种

取每管混合物接种绵羊睾丸（ST）细胞单层 2 瓶。接种量为该细胞生长液的10%。接种时，倾去细胞生长液。接种后先置37℃温箱吸附30min（期间轻轻摇动2次），然后补足细胞维持液乳汉液（附录1），乳汉液内含3%~5%犊（胎）牛血清，1%抗生素溶液，调 pH 7.4，置37℃温箱培养。同时设正常对照细胞2瓶。

5.1.2.5　观察

培养4~6d，每天用显微镜观察致细胞病变作用（CPE）。其特征是细胞出现间隙，形成圆细胞和聚积成簇，胞浆内颗粒增多，显示出退行性变化，失去正常形态，最终呈网状并脱落。

5.1.2.6　结果判定

当正常对照细胞和接种血清毒性试验细胞无 CPE，而接种抗原对照细胞有明显 CPE，试验方可成立，否则应重做。

血清中和后，接种细胞有 CPE，判定该羊血清无羊痘抗体。

血清中和后，接种细胞无 CPE，判定该羊血清中有羊痘抗体。

可结合免疫学方法测定该羊是否感染羊痘病毒。

5.1.3 操作方法二（检测病毒）

5.1.3.1 稀释

病毒稀释按 5.1.2.1 操作。

阳性血清稀释：用 Hank's 液作 1：2 稀释。

5.1.3.2 加样

每份待检病毒样品取试管 2 支，分别加入病毒样品悬液 0.5ml。然后，向其中 1 管加入等量阳性稀释血清，向另 1 管加入等量 Hank's 液（待检病毒样品对照）。

另取试管 2 支，1 支加羊痘稀释病毒 0.5ml，另 1 支加阳性稀释血清 0.5ml，然后分别加入等量 Hank's 液（羊痘病毒对照，阳性血清对照）。

5.1.3.3 中和

见 5.1.2.3。

5.1.3.4 接种

见 5.1.2.4。

5.1.3.5 观察

见 5.1.2.5。

5.1.3.6 结果判定

当正常对照细胞和阳性血清对照细胞无 CPE，而接种羊痘病毒的细胞有 CPE 时，试验方可成立。

待检病毒中和后，接种细胞无 CPE，而未中和待检病毒的接种细胞有与接种羊痘抗原细胞相同的 CPE，判待检病毒为羊痘病毒。

5.2 电子显微镜检查

5.2.1 材料准备

待检组织悬液（见 4.2.1）。

洁净载玻片。

400 目电镜碳网膜。

5.2.2 操作方法

取 1 滴组织悬液置于载玻片上，将碳网膜漂浮于液滴上 1min，再置于 1 滴三羟甲基氨基甲烷-乙二胺四乙酸（Tris-EDTA）缓冲液中浸泡 20s，然后用 1 滴 10g/L 磷钨酸（pH 7.2）染色 10s。取出碳网膜，用滤纸吸干膜上液体，待自然干燥后镜检。

5.2.3 判定

羊痘病毒颗粒应呈砖形，其表面有短管状物覆盖，大小约 290nm × 270nm。有些病毒粒子周围有寄主细胞膜包裹。

5.3 包涵体检查

5.3.1 材料准备

5.3.1.1 病料：取活体或剖检羊的痘肿皮肤，或肺和淋巴结等其他组织材料（该材料应带有病变组织周围的正常组织），置福尔马林溶液中或4℃保存备用（见4.2.1）。

5.3.1.2 载玻片：应洁净。

5.3.1.3 苏木精-伊红（HE）染色液：按常规配制。

5.3.2 操作

取已固定的病料组织，用切片机切成薄片置载玻片上，或直接将新鲜病料在载玻片上制成压片（触片）。用HE染色和福尔马林固定后，置光学显微镜检查。

5.3.3 判定

羊痘病料寄主细胞质内应有不定形的嗜酸性包涵体和有空泡的细胞核。

5.4 病毒基因组核酸检测（PCR技术）

5.4.1 材料准备

5.4.1.1 样品的采集和处理见4.2.1，4.2.2。

5.4.1.2 阳性对照 以已知病毒材料，如羊痘病毒感染细胞为阳性对照。其扩增产物作为电泳对照样品。

5.4.1.3 试剂。

（1）缓冲液：含镁离子。

（2）dNTP。

（3）*Taq* 酶。

（4）模板：羊痘病毒DNA，用基因提取试剂盒按说明书进行提取。

（5）引物：检测羊痘病毒特定基因的两对或两对以上的引物。该引物是根据羊痘病毒基因组中的两个或两个以上不同的特异性基因片段分别进行设计的引物。

（6）双蒸水。

5.4.1.4 专用仪器设备

台式高速（12 000 r/min）离心机；DNA扩增仪；稳压稳流电泳仪和水平电泳槽；电泳凝胶成相分析系统（或紫外透射仪）；可调移液器一套，包括0.5～1μl 1支，1～20μl 1支，20～200μl 1支，200～1 000μl 1支；与移液器匹配的尖头；1.5ml带盖塑料离心管（eppendorf管）0.5ml或0.2ml（与扩增仪配套）带盖塑料管。

5.4.2 操作

5.4.2.1 PCR扩增

反应液总量50μl。试验开始时，将下列试剂转入PCR专用小塑料管中。

（1）10×缓冲液（含镁离子）   5μl

（2）dNTP   各200μmol/L

（3）模板（提取的DNA产物）   0.1～1μg

（4）引物   各50pmol

（5）*Taq* 酶   2.5IU

加双蒸水至50μl。

混合均匀后，高速离心10s。

将反应管插入扩增仪中，指令设定程序开始工作，共40个循环。最初的94℃ 5min后，每个循环包括：94℃变性20s，52℃退火20s，72℃延伸20s。最后一个循环的延伸为72℃ 15min。

5.4.2.2 结果分析和判定

5.4.2.2.1 琼脂糖凝胶板的制备

称取 0.2g 琼脂糖，加入 20ml 1 × TBE 缓冲液中。加热融化后加 1μl（10mg/ml）溴乙锭，混匀后倒入放置在水平台面上的凝胶盘中，胶板厚 5mm 左右。依据样品数选用适宜的梳子。待凝胶冷却凝固后拔出梳子（胶中形成加样孔），放入电泳槽中，加 1 × TBE 缓冲液淹没胶面。

5.4.2.2.2 加样

取 5～8μl PCR 扩增产物和 2～3μl 加样缓冲液混匀后加入一个加样孔。每次电泳至少加 1 孔阳性对照的扩增产物作为对照。同时加入 5～8μl 的 DNA Mark 2 000 作为标准。

5.4.2.2.3 电泳

电压 80～120V，或电流 40～50V，电泳 30～40min。

5.4.2.2.4 结果观察和判定

电泳结束后，取出凝胶板置于紫外透射仪上打开紫外灯观察。如某一待检样品扩增产物的 DNA 带至少有 1 条与阳性对照的带在 1 条直线上，即它们与加样孔的距离相同，则该样品判定为阳性。

6 病毒保藏技术操作规程

6.1 原发动物组织毒的保藏

6.1.1 保存液

含 50% 丙三醇的 0.05mol/L PB 液（pH 7.6）。

6.1.2 保藏温度和时间

-70℃ 以下冷冻保藏。保藏 5～10 年。

6.1.3 保藏方法

6.1.3.1 玻璃冻存瓶（管）的准备：将中性玻璃冻存瓶（管）清洗干净，121℃ 高压蒸气灭菌 30min，备用。

6.1.3.2 预冻：每瓶（管）中的组织不超过瓶体积的 1/2，保存液要能够完全淹没组织，总体积不超过瓶（管）的 2/3。将冻存瓶（管）置于 -30℃ 冰箱预冻 2h 以上，使温度达到 -20℃ 左右。

6.1.3.3 冻存：将预冻的冻存瓶（管）置 -70℃ 以下冰箱进行保藏。

6.1.3.4 复苏方法：从冰箱中取出冻存瓶（管），放置室温下自然升温，融解后感染本动物复苏。

6.2 细胞毒的保藏

6.2.1 保藏温度和时间

-70℃ 以下低温冷冻保藏。保藏 3～5 年。

6.2.2 保藏方法

6.2.2.1 玻璃冻存瓶（管）的准备：同 6.1.3.1。

6.2.2.2 预冻：不加保存液，每瓶（管）中的细胞毒液体不超过瓶容积的 2/3，将冻存瓶（管）置于 -30℃ 冰箱预冻 2h 以上使之冻结。

6.2.2.3 冻存：冻结的细胞毒转移至 -70℃ 以下冰箱进行保藏。

6.2.2.4 复苏方法：取出冻存管，放置在 -30℃ 冰箱中 2h，再放入室温或水浴中融化。待冰全部融化，开启冻存管，将内容物移至细胞上进行培养。

附录1

营养液及溶液的配制

1　Hank's 液（10 倍浓缩液）

1.1　成分

成分甲：

氯化钠	80.0g
氯化钾	4.0g
氯化钙	1.4g
硫酸镁（$MgSO_4 \cdot 7H_2O$）	2.0g

成分乙：

磷酸氢二钠（$Na_2HPO_4 \cdot 12H_2O$）	1.52g
磷酸二氢钾	0.6g
葡萄糖	10.0g
1% 酚红	16ml

1.2　配制方法

按顺序将上述成分分别溶于双蒸水 450ml 中，即配成甲液和乙液，然后将乙液缓缓加入甲液，边加边搅拌。补足双蒸水至 1 000ml, 用滤纸过滤后，加入三氯甲烷 2ml，置 2～8℃ 保存。

1.3　使用

使用时，用双蒸水稀释 10 倍，121℃灭菌 15min，置普通冰箱备用。用 75g/L 碳酸氢钠溶液调 pH 至 7.2～7.4。

2　75g/L 碳酸氢钠溶液

碳酸氢钠	7.5g
双蒸水	100.0ml

用微孔或蔡氏滤器滤过除菌，分装于小瓶中，结冻保存。

3　10g/L 酚红溶液

氢氧化钠溶液（1mol/L）的制备　取澄清的氢氧化钠饱和液 56ml，加双蒸水至 1 000ml 即得。

称取酚红 10g 加氢氧化钠溶液 20ml 搅拌，溶解并静置片刻，将已溶解的酚红液倒入 1 000ml 刻度容量器内。

未溶解的酚红再加氢氧化钠溶液 20ml 搅拌，使其溶解。如仍未完全溶解，可再加少量氢氧化钠溶液搅拌。如此反复，直至酚红完全溶解为止，但所有氢氧化钠溶液总量不得超过 60ml。

补足双蒸水至 1 000ml，分装小瓶，121℃灭菌 15min 后，置 2～8℃ 保存备用。

4   2.5g/L 胰蛋白酶溶液

氯化钠	8.0g
氯化钾	0.2g
柠檬酸钠（$Na_3C_6H_5O_7 \cdot 5H_2O$）	1.12g
磷酸二氢钠（$NaH_2PO_4 \cdot 2H_2O$）	0.056g
碳酸氢钠	1.0g
葡萄糖	1.0g
胰蛋白酶（1:250）	2.5g
双蒸水	加至 1 000ml

置 2~8℃冰箱过夜，待胰酶充分溶解后，用 0.2μm 的微孔膜或 G6 型玻璃滤器滤过除菌。分装于小瓶中，-20℃保存。使用时，用碳酸氢钠溶液调 pH 至 7.4~7.6。

5   EDTA-胰蛋白酶分散液（10 倍浓缩液）

氯化钠	80.0g
氯化钾	4.0g
葡萄糖	10.0g
碳酸氢钠	5.8g
胰蛋白酶（1:250）	5.0g
乙二胺四乙酸二钠（EDTA A.R）	2.0g

按顺序溶于双蒸水 900ml 中，然后加入下列各液。

10g/L 酚红溶液	2.0ml
青霉素（10 万 IU/ml）	10.0ml
链霉素（10 万 IU/ml）	10.0ml
补足双蒸水至	1 000ml

用 0.2μm 微孔滤膜或 G6 型玻璃滤器滤过除菌，分装小瓶，-20℃保存。

临用前，用双蒸水稀释 10 倍，适量分装于试管中，-20℃冻存备用。

分散细胞时，将细胞分散液取出融化后，再置 35~37℃热水中预热，并用 75g/L 碳酸氢钠溶液调 pH 至 7.6~8.0。

6   5g/L 乳汉液

水解乳蛋白	5.0g
汉克氏液（Hank's）	1 000.0ml

完全溶解后适量分装，经 121℃灭菌 15min，放 2~8℃保存备用。用时，以 75g/L 碳酸氢钠溶液调 pH 值为 7.2~7.4。

7   抗生素溶液（1 万单位/ml）

7.1   10 倍浓缩液

青霉素	400 万 IU（80 万 ×5 瓶）
链霉素	400 万 IU（100 万/瓶 ×4 瓶）

双蒸水   40ml

充分溶解混合后，分装小瓶，放 - 20℃保存。

7.2 工作溶液

取上述浓缩液适量，用双蒸水稀释 10 倍，分装后放 - 20℃保存备用。

附录 2

绵羊睾丸细胞的制备

1 原代细胞制备

选用 4 月龄以内的健康雄性绵羊，以无菌手术摘取睾丸，剥弃鞘膜及白膜，剪成 1 ~ 2mm 小块，用 Hank's 液（附录 1）洗 3 ~ 4 次，按睾丸组织量的 6 ~ 8 倍加入 2.5g/L 胰酶溶液（附录 1），置 37℃水浴中消化，至睾丸组织呈膨松状，弃胰酶液，用玻璃珠振摇法或吸管吹打法分散细胞并用细胞生长液［乳汉液（附录 1）加 5% ~ 10% 胎（犊）牛血清 +1% 抗生素溶液］稀释成每毫升含 100 万左右细胞数，分装，放 37℃静置培养，2 ~ 4d 即可长成单层。

2 次代细胞制备

将生长良好的原代细胞，倒去生长液加入原生长液 1/10 的 EDTA-胰蛋白酶分散液（附录 1），消化 2 ~ 3min，待细胞层呈雪花状时，倒去 EDTA 液。先用少许生长液摇下细胞，然后按 1 : 2 的分种率，补足生长液。混匀、分装，置 37℃静置培养。细胞传代，应不超过 5 代。

附录 3

电泳缓冲溶液的配制

1 电泳缓冲液

5 × TBE 缓冲液

Tris	54.0g
硼酸	27.5g
0.5moL/L EDTA（pH 值8.0）	20ml

加双蒸水（ddH$_2$O）至 1 000ml。

2 1 × TBE（电泳缓冲液）

临用时将 5 × TBE 缓冲液 1 份加蒸馏水 4 份，混匀即可。

3 电泳加样缓冲液

溴酚蓝	0.25g
甘油	30.0ml
双蒸水	70.0ml

附录 4

保存缓冲液的配制

1 pH 7.6 0.05mol/L 磷酸缓冲液（PBS）

  甲液：磷酸氢二钠（Na₂HPO₄·12H₂O）   17.9g

  加双蒸水至 1 000ml。

  乙液：磷酸二氢钠（NaH₂PO₄·2H₂O）   7.8g

  加双蒸水至 1 000ml。

  取甲液 870ml，乙液 130ml 混合，即为 pH 7.6 0.05mol/L PB。

2 含 50% 丙三醇的 pH 7.6 0.05mol/L 磷酸缓冲液（GPB）

  1 体积的丙三醇（分析纯或化学纯）与等量的 pH 7.6 0.05mol/L PB 混合，121℃ 高压灭菌 15min。

参考文献

[1] 殷震，刘景华. 动物病毒学（第二版）. 北京：科学出版社，1985

[2] Carn, V. M. An antigen trapping ELISA for the detection of capripoxvirus in tissue culture supernatant and biopsy samples. *J Virol Methods*, 1995, 51（1）: 95～102

[3] Mangana-Vougiouka, O., Markoulatos, P., Koptopoulos, G. *et al*. Sheep poxvirus identification by PCR in cell cultures. *J Virol Methods*, 1999, 77（1）: 75～79

[4] Mangana-Vougiouka, O., Markoulatos, P., Koptopoulos, G. *et al*. Sheep poxvirus identification from clinical specimens by PCR, cell culture, immunofluorescence and agar gel immunoprecipitation assay. *Mol Cell Probes*, 2000, 14（5）: 305～310

[5] Tulman, E. R., Afonso, C. L., Lu, Z. *et al*. The genomes of sheeppox and goatpox viruses. *J Virol*, 2002, 76（12）: 6054～6061

[6] Kitching, R. P. Vaccines for lumpy skin disease, sheep pox and goat pox. *Dev Biol（Basel）*, 2003, 114: 161～167

[7] Hosamani, M., Mondal, B., Tembhurne, P. A. *et al*. Differentiation of sheep pox and goat poxviruses by sequence analysis and PCR-RFLP of P32 gene. *Virus Genes*, 2004, 29（1）: 73～80

[8] Gubser, C., Hue, S., Kellam, P. *et al*. Poxvirus genomes: a phylogenetic analysis. *J Gen Virol*, 2004, 85（Pt 1）: 105～117

[9] Bhanuprakash, V., Indrani, B. K., Hosamani, M. *et al*. The current status of sheep pox disease. *Comp Immunol Microbiol Infect Dis*, 2006, 29（1）: 27～60

[10] Orlova, E. S., Shcherbakova, A. V., Diev, V. I. *et al*. Differentiation of capripoxvirus species and strains by polymerase chain reaction. *Mol Biol（Mosk）*, 2006, 40（1）: 158～164

[11] 马维民，刘湘涛，张强等. 山羊痘病毒 P32 基因的克隆与序列分析. 甘肃农业大学学报，2006, 41（4）: 27～30

鸡球虫保存与繁殖
实验操作技术规程

起草单位：中国农业科学院上海兽医研究所
中 国 兽 医 药 品 监 察 所

前　言

　　鸡球虫是属于顶复器门（Apicomplexa）、孢子虫纲（Sporozoadida）、球虫亚纲（Coccidiasina）、真球虫目（Eucoccidiorida）、艾美耳亚目（Eimeriorina）、艾美耳科（Eimeriidae）、艾美耳属（*Eimeria*）的一类寄生于鸡肠道的原虫。据统计，全世界已报道的鸡球虫共有 15 种，目前，公认的主要有 7 种：柔嫩艾美耳球虫（*Eimeria tenella*）、堆型艾美耳球虫（*Eimeria acervulina*）、巨型艾美耳球虫（*Eimeria maxima*）、毒害艾美耳球虫（*E. necatrix*）、布鲁氏艾美耳球虫（*Eimeria brunetti*）、和缓艾美耳球虫（*Eimeria mitis*）和早熟艾美耳球虫（*Eimeria praecox*）。鸡球虫的生活史基本相同，都包括孢子生殖（sporogony）、裂殖生殖（schizogony 或 merogony）和配子生殖（gametogony）三个阶段。这三个阶段形成一个生活史，即从孢子生殖发育到裂殖生殖，再由裂殖生殖到配子生殖，又从配子生殖返回到下一个世代的孢子生殖。在这三个发育阶段中，除孢子生殖在外界环境中（因而称外生性发育阶段）进行之外，其余两个发育阶段均在鸡体内（因而称内生性发育阶段）进行。孢子生殖和裂殖生殖为无性生殖，配子生殖为有性生殖。

　　因鸡球虫而引发的鸡球虫病每年给养鸡业造成了巨大的经济损失，集约化养鸡业为鸡球虫的传播提供了一个很好的机会，在缺乏有效控制的情况下，很容易造成该病的暴发。据统计，全世界每年大约饲养 390 亿只鸡，因球虫病造成的损失就高达 30 亿美元，因此，人们对鸡球虫和鸡球虫病及相关的研究给予了极大的关注，而这些研究的顺利进行首先需要熟练掌握实验室的各种常规实验操作技术。为了规范鸡球虫的分离、保存、传代等实验操作步骤，为顺利研究鸡球虫和鸡球虫病奠定基础，特制定本技术规程。

　　本规程由微生物菌种资源平台建设项目提出。

　　本规程起草单位：中国农业科学院上海兽医研究所、中国兽医药品监察所。

　　本规程主要起草人：韩红玉、黄兵、赵其平、陈敏、薛青红、董辉、姜连连等。

目　次

鸡球虫保存与繁殖实验操作技术规程

1 范围

本规程规定了鸡球虫常用的一些实验室操作方法和技术要求，主要包括鸡球虫的分离、鉴定、保存、繁殖、复壮等实验操作。

本规程只适用于鸡球虫的常规实验室操作。

2 规范性引用文件

下列文件中的条款通过本标准的引用而成为本标准的条款。凡是注日期的引用文件，其随后所有的修改（不包括勘误的内容）或修订版均不适用于本规程，然而，鼓励根据本规程达成的各方，研究是否可使用这些文件的最新版本。凡是不注日期的引用文件，其最新版本适用于本规程。

GB/T 18647—2002 动物球虫病诊断技术。

3 术语和定义

下列术语和定义适用于本规程。

3.1 鸡球虫（*Chicken coccidia*）

是指寄生于鸡的肠道上皮细胞内，可引起鸡球虫病的一类艾美耳属球虫。

3.2 生活史（Life cycle）

指寄生虫生长、发育和繁殖的一个完整循环过程，又称之为发育史。

3.3 宿主（Host）

指体内或体表有寄生虫暂时或长期寄居的动物。

3.4 未孢子化卵囊（Unsporulated oocyst）

指细胞内充满着细胞质团，没有形成囊体，可随鸡肠道上皮细胞的破裂，进入肠腔，随粪便排到外界，不具有感染能力的卵囊。

3.5 孢子化卵囊（Sporulated oocyst）

指细胞的细胞质团分裂成 4 个孢子囊，每个孢子囊内形成 2 个子孢子，具有感染能力的卵囊。

3.6 孢子生殖（Sporogony）

是指随动物粪便排到外界环境中的未孢子化卵囊，在适宜的温度、湿度及有氧条件下发育成孢子化卵囊的过程。

3.7 种（Species）

分类系统上所用的基本单位，是指具有一定的形态和生理特征以及一定的自然分布区的生物类群。一个物种的个体，一般不与其他物种中的个体交配，或交配后一般不能产生有生殖能力的后代。

3.8 株（Strain）

指从一个分离物中获得的并经连续传代保存的纯种群体，具有一致的、可再现的性状特征，这些特征在所用试验条件下保持稳定。在球虫学中，虫株常指从分离物中获得的单卵囊感染宿主而建立起来的群体。

3.9 单卵囊分离技术（Single-oocyst isolation technique）

是指从混合球虫种或株中分离单个卵囊，以备进一步扩增所需的"克隆"卵囊，单个卵囊接种鸡后获得纯种或纯株所采取的一种实验手段。

4 鸡球虫原始虫种的分离与鉴定

4.1 鸡球虫的初步检查

4.1.1 从鸡场取新鲜鸡粪便10g，加入50ml自来水，搅拌均匀后经60目铜筛网或尼龙网过滤。

4.1.2 滤液离心2 500r/min，10min。

4.1.3 沉淀加入少量（1~2ml）饱和盐水，混匀，移入5ml玻璃瓶（或青霉素瓶）中，加满饱和盐水，在瓶口盖一盖玻片（盖玻片需与液面接触）。

4.1.4 静止漂浮10min后，取下盖玻片，倒扣于载玻片上，显微镜下（10×10或10×40）观察是否有鸡球虫卵囊，如果镜检发现卵囊，再从鸡粪便或肠道中分离卵囊。

4.2 粪便中卵囊的分离

4.2.1 从初步检查发现卵囊的鸡场收集粪便，加4~5倍的自来水，搅拌混匀。

4.2.2 将粪便混悬液经两层（先经50~60目，再经100~200目）金属网筛过滤。

4.2.3 滤液离心2 500r/min，10min，弃去上清液。

4.2.4 沉淀中加入5倍以上的饱和食盐溶液，充分搅拌后离心（1 500r/min，10min）。

4.2.5 用吸管将上层漂浮着的絮状物吸出，移入另一离心管，加10倍体积的自来水，混匀后离心2 500r/min、10min，去上清液，重复2次，除去食盐，沉淀物中即含有球虫卵囊，为粪便中收集的卵囊。

4.3 肠道中卵囊的分离

4.3.1 从初步检查发现卵囊的鸡场中将病死鸡的肠道取出，刮取肠黏膜和肠内容物或用组织捣碎机捣碎肠道组织。

4.3.2 向刮取物或捣碎的组织中加入0.5%~1% pH 8.0的胰蛋白酶（或胆汁），39℃下消化20min。

4.3.3 经两层（先经50~60目，再经200目）金属网筛过滤，滤液移入离心管，离心2 500r/min，10min。

4.3.4 弃上清液，沉淀中加入次氯酸钠（有效氯>5%），搅拌均匀后4℃下作用15min。

4.3.5 加10倍量的蒸馏水稀释，2 500r/min离心10min，沉淀反复用蒸馏水洗涤几次（2~3次），除去次氯酸钠，离心后的沉淀含有卵囊，即为收集到的组织中球虫卵囊。

4.4 球虫卵囊的孢子化

球虫卵囊必须孢子化后才能感染宿主鸡。卵囊的孢子化需要适宜的温度、湿度和充足的氧气。

4.4.1 将从粪便或肠道中收集的卵囊沉淀，加2.5%的重铬酸钾溶液混悬即为培养液。将培养液置于培养皿中，培养液中的卵囊密度不超过10^6个/ml，液体深度不超过7mm。

4.4.2　置于 25～28℃的恒温振荡培养箱中；或者将悬浮液移至烧杯或其他容器中，液体高度不超过容器高度的 2/3，用小气泵向培养液中充气；如果没有上述条件，可以将培养液置于恒温培养箱中，每隔数小时将培养液振荡搅拌数次，并用吸管吹打数次。

4.4.3　2～3d 后，取 1 滴卵囊液于载玻片上，加盖玻片用显微镜（×100～×400）观察。记数含未成熟卵囊和成熟卵囊，计算孢子化形成率。完成孢子化的卵囊内含有 4 个孢子囊，孢子囊前端的斯氏体清晰可见，孢子囊内 2 个子孢子的折光体也清楚，当孢子化形成率达 80% 以上时结束培养，若不到 80%，则继续培养 2～3d。

　　孢子化形成率（%）＝成熟卵囊数÷（未成熟卵囊数＋成熟卵囊数）×100%。

4.5　虫种的鉴定

　　鸡球虫虫种的鉴定主要是通过生物学指标来综合鉴定。生物学指标包括卵囊形态大小（400 倍以上显微镜测 200 个以上卵囊）、形状指数（长与宽的比值）（数理统计）、内部结构（1 000 倍以上显微镜观察）、孢子囊和子孢子形态大小（1 000 倍以上显微镜观察）、最短潜在期、主要寄生部位、病变部位和病变特征、孢子化形成时间、致病性、排卵囊周期等指标（附录 1）。

4.6　单一虫种的纯化

　　在自然感染中，鸡球虫多呈混合感染，为了研究方便与结果的准确性，往往要求纯种株，采用单卵囊分离技术（附录 2），同时，结合不同虫种的生物学特性和相关分子生物学方法进行鉴定。

5　鸡球虫的繁殖

5.1　实验动物

　　不同品系的鸡对球虫的易感性略有差异。因此，一般情况下以常规试验来验证宿主对球虫的易感性，从而确定最佳品系的鸡用于繁殖球虫，以便在同等情况下获取最高的卵囊产量。通常繁殖球虫无需使用 SPF 级别的鸡，可以是小公鸡、肉雏鸡或商品产蛋雏鸡（一般情况公雏对球虫的易感性高于母雏），无论使用何种雏鸡繁殖球虫都必须保证整个饲养过程中无球虫污染。为了避免环境中球虫的污染，一般繁殖用鸡的日龄不超过 14 日龄，或在隔离器中饲养。

5.2　饲养环境

　　为了繁殖保存的球虫，所使用的鸡感染前必须在无球虫的饲养环境中饲养。通过保持饲舍干燥以及饲养人员进入饲舍时更换衣服、鞋子和手套等手段有效控制种间或株间的交叉污染发生；鸡笼底部应配有相应的粪盘收集粪便，易于更换，鸡笼使用前于 60～80℃烤箱中干烤 30min 消毒；鸡舍使用前应彻底打扫干净，熏蒸消毒（甲醛和高锰酸钾熏蒸消毒），紫外灯照射 24h，墙角用酒精喷灯消毒，地面应用开水彻底消毒；饲养过程所使用的工具、器皿也应同时干烤消毒。另外，所使用的饲料应于 60～80℃干烤 30min 后使用，为了充分杀死饲料中可能污染的球虫，饲料在烤箱中干烤时最好平铺在大的搪瓷盘中。同时，在饲养过程中，确保所使用的饮水没有鸡球虫污染（一般情况下为防止污染，饮用凉开水）。

5.3　动物接种

　　在宿主鸡体内能否成功繁殖球虫的影响因素有许多。主要因素是使用宿主的品种、球虫卵囊保存的时间和接种球虫的剂量等，一般情况下根据经验确定（鸡的日龄不超过 14

日龄，球虫保存的时间不超过 6 个月）见表 1。

表 1　鸡体接种球参数

球虫种株	每只鸡接种卵囊数（×100）	卵囊感染后收集粪便时间（h）
堆形艾美耳球虫	10～100	120～168
布鲁氏艾美耳球虫	5～20	144～192
巨型艾美耳球虫	5～20	144～192
和缓艾美耳球虫	50～100	120～168
毒害艾美耳球虫	60～80	144～216
早熟艾美耳球虫	5～10	96～168
柔嫩艾美耳球虫	5～20	144～216

柔嫩艾美耳球虫和毒害艾美耳球虫也可以在接种后 7～8d 单独从盲肠中收取。

5.4　接种卵囊的制备

球虫进行传代时，在接种前均需进行准确的卵囊计数，为了精确的计算卵囊量，一般建议用次氯酸钠（有效氯＞5%）和饱和盐水纯化卵囊，以防止卵囊粘集在一起。

5.4.1　将 2.5% 重铬酸钾中保存的孢子化卵囊，先通过三次反复离心去除卵囊液中的重铬酸钾。在离心过程中逐渐减小离心管，如开始使用 100ml 离心管，接着换成 50ml 和 15ml 的离心管。

5.4.2　加入次氯酸钠至终浓度 10%（v/v），4℃ 冰箱放置 5～10min。

5.4.3　离心 3 000r/min，10min。

5.4.4　加入 5 倍体积的饱和盐水混悬沉淀。离心 1 500r/min，5min。

5.4.5　吸取上清至另一干净的离心管中，加入 10 倍量的蒸馏水稀释，3 000r/min 离心 10min，去上清液，沉淀加入蒸馏水混悬后，离心，重复 2 次去除卵囊液中多余的盐分。

5.4.6　洗涤后的沉淀，加无球虫水稀释后，用血球（白细胞）计数板计数。如果卵囊过于浓缩，再加入适量无球虫水稀释后再计数，直到每毫升含有所需接种 1 只鸡的卵囊量。

5.4.7　将计数好剂量的卵囊液由口经嗉囊灌服接种鸡。

5.5　繁殖后卵囊收取

5.5.1　从粪便中收取卵囊

分离粪便中的卵囊较多采用饱和食盐（饱和硫酸镁，蔗糖等）溶液漂浮法和梯度离心法（附录 3）。

5.5.2　从盲肠中收取卵囊（柔嫩艾美耳球虫、毒害艾美耳球虫）

盲肠中卵囊一般采用蛋白酶消化法和铬硫酸分离法（附录 4）。

5.6　鸡球虫卵囊的孢子化培养

同 4.4。

6　鸡球虫的保存

培养好的孢子化卵囊加入 10 倍体积量的 2.5% 重铬酸钾溶液，装于小口径玻璃瓶中，

2~8℃低温保存，保存期为半年，半年后需经鸡活体传代，恢复其活力。

7 鸡球虫的复壮

保存的孢子化卵囊不超过半年需经鸡活体传代复壮繁殖，其操作方法按鸡球虫的繁殖方法进行。

附录1

七种鸡球虫的鉴别特征

		堆型艾美耳球虫	布鲁氏艾美耳球虫	巨型艾美耳球虫	和缓艾美耳球虫	毒害艾美耳球虫+	早熟艾美耳球虫	柔嫩艾美耳球虫
	CHARACTERISTICS 特征							
肉眼病变	寄生区（图中黑色部分为诊断的特性）		向下移动			卵囊		
	肉眼的病变	轻度感染：在梯形条纹中有时存在白色圆形病变；严重感染：肠壁增厚，斑块融合	凝固性坏死，小肠下段黏液性出血，肠炎	肠壁增厚，黏液性血色渗出物，淤斑	无病变，黏液性渗出物	气胀，白点（裂殖体）淤斑，黏液性无凝血液的渗出物	无病变黏液性渗出物	开始发病时：肠腔内有出血，以后肠壁增厚，黏膜苍白，自液凝固的肠芯
显微特征	显微镜下的特征 原著卵囊的重画	10 20 30	10 20 30	10 20 30	10 20 30	10 20 30	10 20 30	10 20 30
	长度×宽度 长度 宽度（μm）	平均=18.3×14.6 17.7~20.2 13.7~16.3	24.6×18.8 20.7~30.3 18.1~24.2	30.5×20.7 21.5~42.5 16.5~29.8	15.6×14.2 11.7~18.7 11.0~18.0	20.4×17.2 13.2~22.7 11.3~18.3	21.3×17.1 19.8~24.7 15.7~19.8	22.0×19.0 19.5~26.0 16.5~22.8
	卵囊的形状和指数 长度/宽度	卵圆形 1.25	卵圆形 1.31	卵圆形 1.47	亚球形 1.09	长卵圆形 1.19	卵圆形 1.24	卵圆形 1.16
	最大的裂殖体（μm）	10.3	30.0	9.4	15.1	65.9	20	54.0
生活史特点	在组织中寄生的位置	上皮	第二世代的裂殖体寄生在上皮下	配子体寄生在上皮下	上皮	第二世代的裂殖体寄生在上皮下	上皮	第一世代的裂殖体寄生在上皮下
	最短潜伏期（h）	97	120	121	33	138	12	115
	孢子发育的最短时间	17	18	30	15	18	12	18

+ 取自 Norton 和 Joyner（1980）   引自 Peter L.Long 和 W.Malcolm Reid（佐治亚州大学畜牧科学系，Athens）

附录 2

鸡球虫单卵囊分离技术

生产中，鸡球虫多呈混合感染，为了研究方便并确保结果的准确性，往往要求纯种株，而现场收集的鸡粪便中含有多种鸡球虫。因此，需要一种简便易行的单卵囊分离技术分离所需要的不同种鸡球虫。目前，单卵囊分离方法较多，现介绍实验室常用的一种方法——琼脂板法。

1 琼脂板的制备

称取琼脂 1g（或琼脂糖），氯化钠 0.5g，加蒸馏水 100ml，将琼脂融化后，待温度降低至 50℃左右时，将琼脂均匀倒在载玻片上，形成均匀的琼脂板。

2 取孢子化的卵囊，洗去重铬酸钾溶液，使孢子化卵囊悬浮于生理盐水中。

3 用吸管吸一小滴卵囊悬浮液置载玻片上，并加生理盐水稀释，调整到在低倍显微镜下观察时，3 个视野平均看到 1 个卵囊为最佳稀释度，然后将毛细吸管放到单个卵囊处，使之随液体上升到毛细吸管内。

4 将毛细吸管内的液体吹落到制备好的琼脂板上，置显微镜下观察，如果确认为一个卵囊，即用细解剖刀将卵囊四周的琼脂划破（1cm×1cm），并以卵囊为中心，小心叠起琼脂包被卵囊。

5 将包有单个卵囊的琼脂感染 1~3 日龄无球虫雏鸡。

6 感染后，将雏鸡进行标记，单只饲养于严格消毒的小鼠笼中，饲料和饮水均应严格消毒，确保无球虫污染。

7 根据接种的不同虫种，接种后相应时间收集粪便，用饱和盐水漂浮镜检，发现卵囊，则感染成功。

8 收集卵囊，孢子化后重新繁殖扩增，即为所需要的纯种。

附录3

粪便中鸡球虫卵囊的分离方法

1 蔗糖溶液漂浮法

1.1 实验原理

根据鸡球虫卵囊的密度介于水的密度和蔗糖溶液密度之间的特性，当将含有杂质的卵囊溶液放在水中离心时，卵囊和少量比水密度大的物质一起下沉，由于浮力作用，比水密度小的杂质上浮，离心后，去上清液，就除去了比水小的杂质；当将含有杂质的卵囊溶液放在蔗糖溶液中离心时，卵囊和少量比蔗糖溶液密度小的物质一起上浮，离心，弃沉淀，除去了比蔗糖溶液密度大的杂质。

1.2 蔗糖溶液的制备：将 500g 化学纯蔗糖和 6.5g 结晶石碳酸（或 6.7ml 石碳酸溶液）溶于 320ml 蒸馏水中即可，此溶液常称为 Sheather 氏糖溶液。

1.3 卵囊的分离

1.3.1 根据鸡球虫不同虫种，收集粪盘中含有卵囊的 24～48h 间粪便样品至消毒过的容器中，加入 2～5 倍于粪便体积的无球虫污染的水搅拌均匀。

1.3.2 将粪便混悬液经两次网筛（先经 50～60 目，再经 100～200 目）过滤，滤液与等量 Sheather 氏糖溶液混合，离心 3 000r/min,10min。

1.3.3 用直径略小于离心管口的捞网（20～25 目）捞取表层浮液，抖落于另一盛有水的离心管中（水的多少视卵囊多少而定，卵囊多则带进的糖溶液也多，应多加蒸馏水稀释），重复几次（一般 3～5 次）。

1.3.4 3 000r/min 离心 10min，去上清液沉淀即为分离所需的卵囊。

2 饱和食盐溶液漂浮法

2.1 实验原理

根据鸡球虫卵囊的密度介于水的密度和饱和盐水密度之间的特性，当将含有杂质的卵囊溶液放在水中离心时，卵囊和少量比水密度大的物质一起下沉，除去了比水小的杂质，再将含有杂质的卵囊溶液放在饱和盐水中离心时，除去了比饱和盐水密度大的杂质。

2.2 饱和食盐溶液的配制

在 1 000ml 沸水中溶解食盐 380g，充分搅拌，比重约为 1.18。

2.3 卵囊的分离

2.3.1 将粪便和 5 倍于粪便的生理盐水或无球虫水搅拌混匀。

2.3.2 将粪便混悬液经两次网筛过滤（先经 50～60 目再经 100～200 目），滤液离心 3 000r/min,10min，去上清液。

2.3.3 沉淀加入 10 倍体积的饱和盐水，充分混匀，3 000r/min 离心 10min。

2.3.4 同糖溶液漂浮法，捞取表层浮液，离心取沉淀即为所需卵囊。

3 梯度离心法

3.1 实验原理

根据球虫卵囊的密度介于 1.103 和 1.064 之间，用蔗糖溶液制成密度梯度，将含有卵囊的溶液加入蔗糖密度梯度溶液上，离心，收集两个梯度之间的卵囊层，从而将比卵囊密度大和密度小的杂质去除。适用于从少量鸡粪便中分离卵囊。

3.2　糖溶液的配制

称取128g白砂糖溶于100ml蒸馏水中，以此作为总量，按0.5%的比例加入石碳酸溶液，混匀后作为A液。在A液的基础上，按以下比例混合，配制B液、C液、D液。

B液 = 3份A液 + 1份蒸馏水，充分混合

C液 = 3份B液 + 1份蒸馏水，充分混合

D液 = 3份C液 + 1份蒸馏水，充分混合

3.3　梯度溶液的制备

用10~15ml离心管，自底部起，小心将等量的A液、B液、C液、D液轻轻地沿离心管壁加入管中，不得互相混合。

3.4　卵囊的分离

3.4.1　将粪便溶于5倍体积的自来水中，充分混匀。

3.4.2　将粪便混悬液经两次网筛（先经50目再，经100~200目）过滤，滤液经3 000r/min离心10min，去上清液。

3.4.3　沉淀加入1/2体积的水，混匀。

3.4.4　取混悬液加入D液上，厚度约1mm，1 000r/min离心3min。

3.4.5　用吸管将D液上层的液体吸出，去掉。再小心将D液吸出，移至另一离心管中，加入10倍量的自来水稀释，混匀。

3.4.6　2 000r/min离心5min沉淀即为收集的卵囊。

附录 4

肠道中鸡球虫卵囊的分离方法

（一般用于盲肠中柔嫩艾美耳球虫或毒害艾美耳球虫卵囊的分离）

1 蛋白酶消化法

1.1 实验原理

蛋白酶消化处理可以破坏组织中的细胞，从而将匀浆后的鸡肠组织、杂质等与卵囊的粘连以及球虫卵囊间的粘连破坏。同时，利用次氯酸钠的强氧化作用，将细菌和卵囊表面的黏附物去除。

1.2 鸡接种柔嫩艾美耳球虫卵囊（500～2 000个孢子化卵囊/只）或毒害艾美耳球虫卵囊（6 000～8 000个孢子化卵囊/只），7～8d后收集盲肠置于干净平皿内，用灭菌匀浆机磨碎盲肠，或者用灭菌剪刀将盲肠纵向剪开后，以载玻片刮取内容物，加蒸馏水搅拌均匀。

1.3 加入2mg/ml胃蛋白酶，调pH至2.0，39℃恒温水浴2h，使卵囊均匀分散，或者在捣碎的盲肠中加入0.5%～1%的胰蛋白酶和5%～10%的鸡胆汁，39℃下消化20min，然后依次用50目、100目、200目过滤，除去颗粒较大的杂质，收集滤液。

1.4 3 000r/min离心10min，去上清液。

1.5 沉淀用吸管吹打均匀，加入10倍体积蒸馏水洗涤，3 000r/min离心10min，重复3次，除去蛋白酶。

1.6 沉淀中加入次氯酸钠（有效氯>5%），搅拌均匀后在4℃下作用15min；加10倍量的蒸馏水稀释，移入离心管，3 000r/min离心10min，洗涤3次，除去次氯酸钠。取沉淀物培养，即可得到组织中的球虫卵囊。

2 铬硫酸分离法

2.1 实验原理

用蔗糖、饱和盐水溶液从盲肠内容物分离球虫卵囊时，不但可以将卵囊漂浮上来，而且连盲肠内容物也可以漂浮起来，而铬硫酸溶液可以避免这一点。也是根据球虫卵囊密度介于水密度和铬硫酸溶液密度之间的特性，将含有杂质的卵囊溶液在水中离心时，卵囊和比水密度大的物质下沉，除去了比水密度小的杂质，再将含有杂质的卵囊溶液放在铬硫酸溶液中离心时，卵囊和少量比铬硫酸密度小的物质一起上浮，除去了比铬硫酸溶液密度大的物质。

2.2 铬硫酸溶液的配制

取20%的重铬酸钾溶液100ml，置大三角瓶中，在冰浴条件下缓慢加入浓硫酸100ml，边加边搅拌。用玻璃滤器除去结晶，即为所需液体。

2.3 卵囊的分离

2.3.1 将含卵囊的肠道放乳钵中充分研碎，加10倍量蒸馏水，充分搅拌均匀。

2.3.2 1 500r/min离心5min，去除上清液。

2.3.3 沉淀中加入4～5倍体积的铬硫酸溶液，冰浴条件下充分搅拌均匀。

2.3.4 1 500r/min 离心 5min。

2.3.5 用吸管吸取上清液，加入 20 倍体积的冰水。

2.3.6 1 500r/min 离心 5min，重复 3 次，沉淀即为所需卵囊。

参考文献

［1］Eckert J.，Braun R.，Shirley MW.，*et al*，Guidelines on techniques in coccidiosis research，Biotechnology. Luxembourg：Office for official Publications of the European Communities，ECSC-EC-EAEC，Brussels. Luxembourg，printed in Italy，1995

［2］Levine N D，Veterinary Protazoology. Iowa State University Press，Ames，1985

［3］Shirley M W，Ivens A，Gruber A et al. The *Eimeria* genome projects：a sequence of events. Trends in Parasitology，2004，Vol. 20（5）

［4］Yao-Chi Su，Andrew Chang-Young Fei，Fang-Mei Tsai. Differential diagnosis of five avian Eimeria species by polymerase chain reaction using primers derived from the internal transcribed spacer 1（ITS-1）sequence. Veterinary parasitology，2003，117：221～227

［5］索勋，李国清. 鸡球虫病学. 北京：中国农业大学出版社，1998

［6］蒋建林，蒋金书. 柔嫩艾美耳球虫各阶段虫体纯化方法的改进. 中国农业大学学报，1996

［7］索勋，杨晓野. 高级寄生虫学实验指导. 北京：中国农业科学技术出版社，2005

［8］赵其平，黄兵，陈兆国等. 几种溶液对球虫卵囊漂浮效果的比较. 上海畜牧兽医通讯，1995

［9］黄兵，史天卫，吴薛忠等. 巨型艾美耳球虫纯种的鉴定与致病性研究. 中国兽医寄生虫病，1995（4）

［10］黄兵，史天卫，赵其平等. 堆型艾美耳球虫的分离纯化与致病性试验. 中国兽医科技，1994，24（9）

［11］黄兵，吴薛忠，史天卫等. 毒害艾美耳球虫纯种的初步确定与致病性研究. 中国兽医寄生虫病，1993，4（2）

［12］黄兵，赵其平，吴薛忠等. 柔嫩艾美耳球虫纯种的初步确定与致病性研究. 上海畜牧兽医通讯，1993，（5）

［13］安健，汪明，汪黎霞等. 鸡柔嫩艾美耳球虫单卵囊技术的建立. 北京农学院学报，2004，19（1）

球虫图像采集技术规程

起草单位：中国农业科学院上海兽医研究所
　　　　　中国兽医药品监察所

前　言

球虫病是畜牧生产中最重要的，也是最常见的一类原虫病。其病原体隶属于顶复器门（Apicomplexa）、孢子虫纲（Sporozoasida）、真球虫目（Eucoccidiorida）的原虫，在自然界中分布广泛，种类繁多，迄今已发现并命名的约2 400余种。对人类、家畜、家禽具有重要意义的主要有6个科12个属，即艾美耳科（Eimeridae）中的艾美耳属（*Eimeria*）、等孢属（*Isospora*）、泰泽属（*Tyzzeria*）及温扬属（*Wennyonella*），隐孢子虫科（Cryptosporidiidae）中的隐孢子虫属（*Cryptosporidium*），住肉孢子虫科（Sarcocystidae）中的住肉孢子虫属（*Sarcoystis*）、弓形虫属（*Toxoplasma*）、贝诺孢子属（*Besnoitia*）及新孢子虫属（*Neospora*），住白细胞虫科（Leucocytozoidae）中的住白细胞虫属（*Leucocytozoon*），血变原虫科（Haemoproteidae）中的血变原虫属（*Haemoproteus*），疟原虫科（Plasmodiidae）中的疟原虫属（*Plasmodium*）。

各种动物的不同种球虫的寄生部位、潜在期和裂殖生殖代数各不相同，但球虫生活史的基本过程是相同的，都包括孢子生殖（sporogony）、裂殖生殖（schizogony 或 merogony）和配子生殖（gametogony）三个阶段。孢子生殖和裂殖生殖是无性生殖，配子生殖是有性生殖。在球虫整个生活史中，可出现不同形态的虫体，如卵囊、子孢子、裂殖体、裂殖子、配子体、配子、合子等。

球虫形态特征的观察分析是球虫分类学、生理学研究的重要手段。球虫图像的采集属于显微摄影的范畴，对于球虫相关形态图像的获取是伴随着照相技术发展而发展的。

制定本规范是为了实现利用数码显微技术对球虫图像采集操作步骤的标准化，保障所采集图片的质量，为科研、教学提供高质量的图像。

本规范由微生物菌种资源平台建设项目组提出。

本规范起草单位：中国农业科学院上海兽医研究所，中国兽医药品监察所。

本规范主要起草人：黄兵、董辉、韩红玉、陈敏、赵其平、姜连连等。

目　次

球虫图像采集技术规程

1 范围

本规范规定了球虫图像采集的原理、仪器设备、操作方法及步骤。

本规范适用于用数码显微照相技术对球虫进行图像采集。

2 规范性引用文件

下列文件中的条款通过本规程的引用而成为本规程的条款。凡是注明日期的引用文件，其随后所有的修改单（不包括勘误的内容）或修订版均不适用于本规程。然而，鼓励根据本规程达成协议的各方，研究是否可以使用这些文件的最新版本。凡是不注明日期的引用文件，其最新版本适用于本规程。

GB/T 18647—2002　动物球虫病诊断技术。

平台标准：球虫虫种资源描述规范（试行）。

平台标准：鸡球虫保存与繁殖实验操作技术规程（试行）。

平台标准：弓形虫保存技术规程（试行）。

3 术语和定义

本规程采用下列术语和定义。

3.1 球虫 Coccidia

球虫是指顶复器门、孢子虫纲、球虫亚纲的原虫。本规范中主要指真球虫目中对人类、家畜、家禽具有重要意义的 6 个科 12 个属的球虫。

3.2 未孢子化卵囊 Unsporulated oocyst

指合子形成卵囊后，细胞内充满着细胞质团，没有形成囊体，不具有感染能力。

3.3 孢子化卵囊 Sporulated oocyst

指卵囊内的细胞质团分裂成孢子囊，每个孢子囊内再形成子孢子，或直接分裂成子孢子，具有感染能力。

3.4 孢子生殖 Sporogony

为无性生殖，指未孢子化卵囊，在适宜的温度、湿度及有氧条件下发育成孢子化卵囊的过程。

3.5 裂殖生殖 Schizogony 或 Merogony

为无性生殖，指滋养体生长至一定大小时进行复分裂，细胞核经分裂多次而成为多核的裂殖体，成熟后释放大量裂殖子的过程。

3.6 配子生殖 Gametogony

为有性生殖，指最后一代裂殖生殖所产生的裂殖子发育为大、小配子体，成熟大、小配子体产生的大、小配子结合而成合子的过程。

3.7 数码显微摄影技术 Digital microphotography technique

利用数码相机通过外接专用镜头或专用接头与显微镜相连接，将人眼难以看清楚或根本看不到的微小物体成像于数码相机内存中的技术。

4 原理

通过适配器使数码相机与三目显微镜连接，将在显微镜中看到的球虫形态拍成照片。照片以图像文件存入相机的贮存卡，成为一个压缩的 JPEG 文件。通过数据线把图片导入计算机，用图像处理软件对其进行图文编辑，编号存档，通过彩色打印机进行打印而得到球虫的照片。

5 设备与仪器

5.1 三筒生物显微镜

目镜 $10\times$，物镜 $10\times$、$40\times$、$100\times$。

5.2 适配器

采用无限远聚光系统，在很大范围内都能成清晰的实像；其接口采用国际标准，适用于任何显微镜；将显微镜与数码相机连接，扩大照相机镜头取景范围。

5.3 数码相机

要求镜头上有接适配器的丝口；具有 2 倍以上光学变焦功能，且机身内变焦；具有微距拍摄功能；镜头可作任意角度旋转；总像素 330 万以上。

5.4 数据存贮卡

5.5 计算机

5.6 相应软件系统

ACDSee，Photoshop。

5.7 彩色打印机

6 操作方法与步骤

6.1 球虫虫体收集

根据其寄生部位，可从血液、消化道、组织内等进行收集，经离心沉淀法、漂浮法或层析法等技术浓集虫体，并除去杂质。

6.1.1 粪便中球虫卵囊收集

收集新鲜粪便，加入 5 倍体积水搅拌均匀。将粪便混匀物经两层细纱布过滤后，1 500~2 000r/min 离心 10min，弃去上清液，沉淀用 10 倍体积比重大于球虫的饱和溶液（如饱和食盐水、饱和蔗糖溶液等）均匀悬浮后，1 500~2 000r/min 离心 10min。用吸管或注射器收集上层含有球虫的饱和溶液，用水稀释 10 倍后，1 500~2 000r/min 离心 10min，收集沉淀中球虫。

本方法适用于能形成卵囊并随宿主粪便排出体外的球虫，如隶属于艾美耳科、隐孢子虫科、住肉孢子虫科的球虫。

6.1.2 血液中虫体收集

在离心管中加 2% 的柠檬酸钠生理盐水 3~4ml，再加病畜血液 6~7ml，混匀后，以 500r/min 离心 5min，使其中大部分红细胞沉降；尔后将含有少量红细胞、白细胞和虫体的上层血浆，用吸管移入另一离心管中，并在这血浆中补加一些生理盐水，将此管以2 500r/min 离心 10min，收集沉淀物中的虫体。

本方法适用于寄生于宿主血液的球虫，如隶属于血变原虫科、住白细胞虫科、疟原虫科的球虫。

6.1.3 组织中球虫虫体收集

大部分球虫寄生于宿主肠道，有的寄生于肾脏、肝脏等器官。球虫卵囊侵入宿主后，在宿主的组织器官中进行裂殖生殖和配子生殖，最后形成卵囊。在此过程中，可出现不同形态的虫体，如裂殖体、裂殖子、配子体、配子、卵囊等。可根据需要，利用密度梯度离心法、DEAE-52 纤维素柱层析法、过滤法或漂浮法等技术对组织中不同阶段虫体进行分离收集。

6.2 涂片制备

把收集到的球虫滴于载玻片上，加盖玻片，制成涂片。有些球虫需进行染色，制成封片。常见的染色方法有姬氏染色法、瑞氏染色法、改良抗酸染色法等。

6.2.1 姬氏染色法

取姬氏染色粉 0.5g，中性纯甘油 25.0ml，无水中性甲醇 25.0ml。先将姬氏染色粉置研钵中，加少量甘油充分研磨，再加再磨，直至甘油全部加完为止。将其倒入 60~100ml 容量的棕色小口试剂瓶中；在研钵中加少量的甲醇以冲洗甘油染液，冲洗液倾入上述瓶中，再加、再洗、再倾入，直至 25.0ml 甲醇全部用完为止。塞紧瓶塞，充分摇匀，尔后将瓶置于 65℃ 温箱中 24h 或室温内 3~5d，并不断摇动，此即为原液。

染色时将原液 2.0ml 加到中性蒸馏水 100ml 中，即为染液。染液加于涂片上染色30min，然后用水洗 2~5min，晾干。

此法适用于寄生于血液中球虫以及子孢子、裂殖体、裂殖子、配子体、配子等不同阶段虫体的染色。

6.2.2 瑞氏染色法

以瑞氏染色粉 0.2g，置棕色小口试剂瓶中，加入无水中性甲醇 100ml，加塞，置室温内，每日摇 4~5min，一周后可用。如需急用，可将染色粉 0.2g，置研钵中，加中性甘油3.0ml，充分摇匀，然后以 100ml 甲醇，分次冲洗研钵，冲洗液倒入瓶内，摇匀即成。

染色时，可将染液 5~8 滴直接加到未固定的涂片上，静置 2min，其后加等量蒸馏水于染液上，摇匀，过 3~5min 后，流水冲洗，晾干。

此法适用于寄生于血液中球虫以及子孢子、裂殖体、裂殖子、配子体、配子等不同阶段虫体的染色。

6.2.3 改良抗酸染色法

6.2.3.1 试剂：

溶液 A：石炭酸品红染色液

　　　　碱性品红 4g、95% 酒精 20ml、苯酚 8ml、蒸馏水 100ml。

溶液 B：10% 硫酸溶液

　　　　纯硫酸 10ml、蒸馏水 90ml。

溶液 C：0.2% 孔雀绿水溶液

　　　　0.2g 孔雀绿、蒸馏水 100ml。

6.2.3.2 步骤

染色前先用甲醛固定涂片 10min，空气干燥后滴加溶液 A 于涂片上，2～5min 后自来水缓慢冲洗，滴加溶液 B 脱色至粉红色为止，自来水缓慢冲洗，滴加溶液 C 1min 后自来水缓慢冲洗，自然干燥。

此法适用于隐孢子虫卵囊的染色。

6.3 照相系统的安装

将适配器按顺时针旋到数码相机上，适配器的另一端与三目显微镜的直立筒镜连接。

6.4 选取照相画面

6.4.1 打开显微镜电源，将载玻片置于移动平台并固定。

6.4.2 调整显微镜平台升降旋钮，用 10 倍目镜，根据虫体大小，选择 10、40 或 100 倍物镜进行观察。

6.4.3 调节显微镜光源，并结合视场光澜的调整，使被摄影物出现较大反差，增强层次感。

6.4.4 调节显微镜的变焦旋钮，使图像在视场中央并大小合适，即可看到标本的全部，各个细节都清晰可见，同时，各部分光线强度比较均匀。

6.5 拍照步骤

6.5.1 打开数码相机的电源开关，设置相机为"自动模式"，把闪光灯模式设置于"强制不闪光"的模式上，曝光模式选择"光圈先决"。聚焦模式选择"微距模式"。图像的质量设置在 1 280×960 以上像素。

6.5.2 把显微镜上的光路控制拉杆完全拉出，这时在数码相机的 LCD 显示屏上就能观察到标本的影像。

6.5.3 调节相机的变焦按钮"W→T"，使图像置于显示屏中央且大小适中，调节光源，当显示屏上所显示的光圈 F＝2.8 或 5.6 时，半按快门聚焦，再按下快门即可拍下该图像。

6.5.4 可按下相机上的"▼"两次可以浏览刚拍下的图像，再按"W→T"键调节图像在 LCD 上的缩放比率，如对图像不满意，可删除图像，再拍摄一次。

6.6 图像编辑与打印

6.6.1 将图像输入计算机，使用 Photoshop 等图像处理软件进行图文编辑，编号存档。

6.6.2 用彩色打印机打印照片。

参考文献

[1] 付岗，赖传雅，袁高庆．一种简便快捷的生物数码显微照相技术．植物保护．2005，31（4）：80～82

[2] 蒋金书．动物原虫病学．北京：中国农业大学出版社，2000

[3] 李掌林，潘丽芬．数码相机显微摄影技术应用于蛾率检验．现代测量与实验室管理．2003（1）：29～30

[4] 沈杰，黄兵．中国家畜家禽寄生虫名录．上海：中国农业科学技术出版社，2004

[5] 索勋，李国清．鸡球虫病学．北京：中国农业大学出版社，1998

[6] 索勋，杨晓野．高级寄生虫学实验指导．北京：中国农业科学技术出版社，2005

[7] 汪明．兽医寄生虫学．北京：中国农业出版社，2003

[8] 吴福让，张稳健．改性沥青的数码显微技术．建筑机械与施工机械化．2001，95

（18）：45～46

［9］ 谢华．数码显微摄影．Medical Equipment. 2004，17（9）：42

［10］ 严勇，赵前程，李跃伟．数码显微摄影及其在实验教学中的应用．信阳农业高等专科学校学报．2004，14（1）：85～86

［11］ 杨大翔．用普通数码相机进行显微摄影的方法与技巧．生物学教学．2004，29（10）：57～58

［12］ 赵刚，刘江东，余其兴．利用普通数码相机进行显微摄影的尝试．生物学通报．2004；39（12）：56

［13］ 邹红．数码相机在显微技术中的应用．光学仪器．2004，26（4）：12～15

弓形虫保存技术规程

起草单位：中国农业科学院上海兽医研究所
中 国 兽 医 药 品 监 察 所

前　言

　　刚地弓形虫（*Toxoplasma gondii*）简称弓形虫，于 1908 年由 Nicolle 等发现，是一种广泛存在于人和动物的寄生性原虫，能引起人、兽患弓形虫病。近年来，由于弓形虫病的几次暴发流行、艾滋病的泛滥以及诊断水平的提高，人们逐渐认识到弓形虫是一种非常重要的机会性致病寄生虫，所以，对弓形虫的研究越来越受到重视。

　　弓形虫是一种单细胞寄生性原虫，只能在活的有核细胞内生长繁殖，而不能在人工合成的培养液上生长，也不能进行冻干保存，而且虫体一旦离开宿主细胞或组织呈现游离状态时，于 4℃时 2 周左右即会死亡。因此，弓形虫的保存十分困难，各国最早保存虫体的方法，多数采用动物接种或细胞培养传代保存。随着低温和超低温技术的发展与应用，推动了弓形虫保存方法的研究。为了规范弓形虫的保存方法与程序，为实现虫种/株的标准化奠定基础，更好地为科研、教学、生产服务，特制定弓形虫保存技术规程。

　　本规程由中国农业科学院上海家畜寄生虫病研究所，中国兽医药品监察所负责起草。

　　本规程主要起草人：黄兵、韩红玉、董辉、陈敏、康孟佼、赵其平、姜连连等。

目　次

弓形虫保存技术规程

1 范围

本规程规定了刚地弓形虫（*Toxoplasma gondii*）常用的一些保存方法，以及传代技术的工作程序和技术要求。

本规程适用于动物寄生性原虫——刚地弓形虫（*T. gondii*）的保存与传代。

2 术语和定义

下列术语和定义适用于本规程。

2.1 动物保存（animal preservation）

根据动物对寄生虫的易感性，选择本动物或模式动物进行寄生虫的繁殖与保种传代。

2.2 生活史（life cycle）

指寄生虫生长、发育和繁殖的一个完整循环过程，又称之为发育史。

2.3 宿主（host）

指体内或体表有寄生虫暂时或长期寄居的动物。

2.4 冷冻保存（cryopreservation）

指将体外培养物悬浮在加有或不加冷冻保护剂的溶液中，以一定的冷冻速率降至零下某一温度（一般是低于 −70℃ 的超低温条件），并在此温度下对其长期保存的过程。

3 弓形虫的保存方法

3.1 动物接种传代保存法

本方法利用实验动物（主要为小白鼠）保存弓形虫时，既方便又实用，而且通过接种虫数，能控制被接种动物的发病及死亡时间。详见附录2。

3.2 细胞培养传代保存法（主要是针对速殖子的培养保存）

弓形虫是细胞内专性寄生原虫，只能生长在活的细胞内。弓形虫除不感染哺乳动物的成熟红细胞外，有广泛的易感宿主细胞。因而，可用于培养的宿主细胞种类较多。详见附录3。

3.3 鸡胚种植传代保存法

鸡胚培养是经典的活体细胞培养方法。目前，该法在很大程度上已被组织培养法所取代。然而鸡胚作为接种对象具有简单、价廉、自然无菌、营养物质丰富等特点，且可保持虫体的毒力、不产生抗体等，仍不失为对弓形虫分离保种（存）、大量制备的有效方法。详见附录4。

3.4 弓形虫的冷冻保存法（主要采用液氮保存）

弓形虫的胞膜脆弱，在低渗液中即刻变形破坏，在无保护剂的溶液中冻融可使虫体大量裂解，因而在弓形虫冷冻保存中，保护剂的使用及冷冻降温程序是关键。采用液氮冻存虫种，与细胞培养或小鼠传代等继代方法保存虫种相比，可简化程序，避免浪费人力物力和试验动物等，同时，也可避免因污染而丢失虫种。详见附录5。

4　资料和信息的处理

　　对保存的虫种，做好记录。记录虫种采集地点或来源、采集或收藏时间、虫种名称、保存地点、保存方式、传代方式（动物或细胞）、传代次数与时间，以及遗传特性、毒力等相关的生物学特性。收集虫种最好有相关的流行病学等方面的调查信息。用保存虫种进行的各类科学实验或应用于生产，应注意及时收集相关的文献资料。

附录1

常用缓冲平衡盐溶液

1 PBS

每1 000ml 含下列物质。

KCl	0. 20g
KH_2PO_4	0. 20g
NaCl	8. 00g
$Na_2HPO_4 \cdot 7H_2O$	2. 16g

2 D-Hanks

每1 000ml 含下列物质。

KCl	0. 40g
KH_2PO_4	0. 06g
NaCl	8. 00g
$NaHCO_3$	0. 35g
$Na_2HPO_4 \cdot 7H_2O$	0. 09g
酚红	0. 01g

3 RPMI-1640 培养液

RPMI-1640（FLOW 公司出品）	1 袋
三蒸水	1 000ml

电磁搅拌30min，用1N HCl 调 pH 7. 2 ~ 7. 4（约加 2. 5ml），过滤除菌，作无菌试验，4℃保存。

附录 2

动物接种传代保存法

寄生虫的动物保种，是将在感染期的虫种接种于实验动物，使虫体在动物体内存活，以利于寄生虫与寄生虫病的研究、寄生虫病诊断以及制备教学标本等。本方法利用实验动物（主要为小白鼠）保存弓形虫，既方便又实用，而且通过接种虫数，能控制被接种动物的发病及死亡时间。

1 选择动物

小鼠（mouse）、金黄地鼠（golden hamster）和家兔（rabbit）均易感，但通常都用昆明品系小鼠作为传代动物，因为小鼠比其他动物更易感，通常选择体重为 18 ~ 25g 的健康小白鼠。

2 接种方式和剂量

接种途径主要是腹腔内，亦可用脑内，或者两种并用。小白鼠的腹腔接种量为 0.2 ~ 1.0ml，脑内接种量为 0.03ml，金黄地鼠的腹腔接种量比小白鼠大一倍，为 1 ~ 2ml。目前，大多数实验室主要还是选择小白鼠腹腔接种。在无菌条件下，按常规方式腹腔注射一定数量的虫体，接种数量不一样，发病的时间也不一样。

3 收集虫体

当小鼠发生典型症状（厌食、背毛逆立、闭目、腹部膨大、呼吸急促、颤抖、鼠蹊部和腋下淋巴结肿大、充血、腹水等）时，将发病鼠用乙醚麻醉（乙醚用量根据需要而定）或脱颈致死，并立即固定于木板或蜡盘内进行解剖，先用 75% 酒精作体表消毒，然后剪开并剥掉腹部皮肤，在其腹部作一切口，用镊子夹提腹部的皮肤和腹膜，以无菌操作注入 pH 7.2 的 PBS 或 Hank's 液 2 ~ 3ml，不要拔出针头，随即轻轻按摩腹部，使生理盐水（注入液体）和腹腔液混匀，然后再抽出腹腔液检查。此时切勿将针头刺破肠管或肝脏，以免出血或造成污染。

4 虫体保存与传代

4.1 直接接种小鼠传代保存

虫体经检查证实后（虫体少时，可离心后取沉淀检查），取其少量腹腔液（大约 0.2ml）虫体再接种健康小鼠。如此循环传代保存虫体。用不敏感动物接种弓形虫，也是实验室常用的保存虫株的方法之一，大白鼠（albino rat），豚鼠（guinea pig）常用脑内接种法保存虫体。

4.2 4℃冰箱冷藏保存后传代

将感染弓形虫的小鼠腹腔以生理盐水（约 4 ~ 5ml）反复冲洗，收集含弓形虫速殖子的生理盐水，分装后，保存 4℃冰箱。一般 3 ~ 6 个月转种 1 次较为稳妥，转种时取保存含弓形虫的生理盐水（大约 0.2ml）再接种小白鼠。

5 器械与动物尸体的处理

将所有与收集弓形虫有关的器械、手套以及动物尸体等在沸水中煮 15 ~ 20min。

附录 3

细胞培养传代保存法

弓形虫是细胞内专性寄生原虫，只能生长在活的组织细胞内。弓形虫除不感染哺乳动物的成熟红细胞外，有广泛的易感宿主细胞。因而，可用于培养的宿主细胞种类较多。常用于弓形虫体外培养的细胞培养液是 RPMI-1640 培养液，该培养液多用于速殖子的培养。此外还有 VEL 培养液、MEM 培养液、199-Hank′s 液、改良的 SHITE 培养液等。一般认为，细胞培养液中小牛血清浓度一般以 2% ~ 5% 为宜，最适培养液 pH 为 7.2。

1 单层贴壁细胞接种培养法

用于弓形虫速殖子组织培养的宿主细胞包括猪肾细胞、牛肾细胞、猴肾细胞、仓鼠肾细胞等多种动物组织的原代及传代细胞，以及人脑恶性胶质瘤细胞、人胚肺细胞、HeLa 细胞（人宫颈癌上皮细胞）等。现以 RH 株速殖子培养为例，介绍两种常用的单层细胞接种培养法。

1.1 在 HeLa 细胞中的培养

1.1.1 培养液

为 RPMI-1640 培养液，含 10% 的小牛血清、抗生素（青霉素 100IU/ml、链霉素 100μg/ml），并用 5.6% NaHCO$_3$ 调 pH 至 7.2。

1.1.2 HeLa 细胞的培养

将 HeLa 细胞按常规方法传代培养。倾去 HeLa 细胞培养瓶中的培养上清液，用 D-Hank′s 液漂洗一次，以去除残留培养液中小牛血清（后者对胰蛋白酶活性有影响）。用 0.125% 的胰蛋白酶溶液消化。于细胞表面滴加数滴消化液，覆盖于细胞表面，37℃ 消化 2 ~ 3min。吸出消化液，加入少许培养液，用弯头巴氏管轻轻吹打，将贴在瓶壁上的细胞洗脱并吹散。在另一培养瓶中加入新的培养液及数滴细胞悬液，使之重新长成单层。

1.1.3 速殖子的制备

复苏液氮保存的弓形虫，经腹腔常规接种昆明小鼠，3d 后收集腹水，用 Ficoll-Urografin 密度梯度离心法纯化虫体。吸取 5ml 含虫腹水加入离心管内，用弯头吸管从悬浮液底部加入 Ficoll-Urografin 液 5ml，以 800r/min 离心 8min 后，加速至 2 000r/min，再离心 10min。管中沉淀形成三层，上层为细胞碎片，中层为虫体，下层为细胞凝块。用弯头吸管收集中层虫体，收获率可达 99.3%，活性及纯度可达 99% 以上。将虫体悬浮于含 2% 小牛血清的 RPMI-1640（pH 7.9）培养液中，于细胞计数板上计数。

1.1.4 速殖子感染 HeLa 细胞的培养

将培养 48h 形成单层 HeLa 细胞的上清液倾去，加入弓形虫速殖子悬液，使宿主细胞与虫体数之比约 12∶1。培养液液面高度约 2mm。置 37℃ 培养箱中孵育 90min，使虫体感染 HeLa 细胞。倾去细胞表面培养液，用 PBS 冲洗后，加入新鲜培养液。以后每隔 2 ~ 3d 换液一次。接种弓形虫速殖子培养 7d 后，虫体平均数可达 6.2 × 10^6 个/ml。

1.2 在猪肾传代细胞中的培养

1.2.1 培养液

为 199-Hank′s 培养液。成分包括 199 培养液 45%、Hank′s 液 45%、小牛血清 10%，

青霉素 100IU/ml、链霉素 100μg/ml、卡那霉素 50IU/ml。用 5.6% 的 NaHCO₃ 调 pH 至 7.2。

1.2.2 猪肾传代细胞的培养

在每个 100ml 的培养瓶中接种 4×10^6 个猪肾细胞，于 37℃ 培养 2d 可长成单层，2～3d 传代 1 次。传代时用消化液（0.02% EDTA 90% 和 0.25% 胰蛋白酶 10%，用 5.6% 的 NaHCO₃ 调 pH 至 7.8）37℃ 消化细胞 2～3min，倾去消化液。用不含小牛血清的细胞培养液洗 1 次。再加入培养液，用滴管吸打细胞使之均匀分散，然后分别接种到新的培养瓶中，置 37℃ 下培养。

1.2.3 速殖子的制备

参见 1.1.3。复苏液氮保种的弓形虫，经腹腔常规接种昆明小鼠，3d 后收集腹水，用 Ficoll-Urografin 密度梯度离心法纯化虫体。

1.2.4 速殖子感染猪肾细胞的培养

将培养 48h 生长状况良好的猪肾细胞培养上清液倾去，加入弓形虫速殖子悬液，使宿主细胞与虫体数之比约 12 : 1。培养液液面高度约 2mm。置 37℃ 培养箱孵育 90min。用 PBS 冲洗后，加入新鲜培养液。以后每隔 2～3d 换液 1 次。接种弓形虫速殖子培养 6～7d 后，虫体数可增加 20～50 倍。

2 悬浮细胞接种培养法

2.1 弓形虫在 YAC-1 细胞（小白鼠淋巴瘤细胞株）长期传代培养

2.1.1 培养液

含 10% 小牛血清的 RPMI-1640 培养液。

2.1.2 速殖子的制备

复苏液氮保种的弓形虫，腹腔常规接种昆明小鼠，收集腹水，纯化虫体。

2.1.3 速殖子感染 YAC-1 细胞的培养

于接种虫体前 48h 将 YAC-1 细胞传代 1 次。将制备好的虫体接种到长势良好的 YAC-1 细胞培养物中，使培养瓶中弓形虫的密度为 4×10^5 个/ml，YAC-1 细胞为 2×10^5 个/ml（虫体与宿主细胞为 2 : 1）。将培养瓶置 37℃ 培养箱中培养。48h 后，大多数 YAC-1 细胞被虫体感染，此时可用以下方法之一传代培养感染的培养物：①取总量 2%～20% 的感染 2d 的 YAC-1 培养物混合，进行传代培养；②按弓形虫速殖子与 YAC-1 细胞的比例为 1 : 1 或 2 : 1，将感染的培养物的量调整到在每毫升新鲜 YAC-1 中含 2×10^3～4×10^5 个速殖子，每 2d 传代 1 次。

2.2 弓形虫在 THP-1 细胞系（人白血病单核细胞）中培养

2.2.1 培养液

用改良的 RPMI-1640 培养液（含终浓度为 100IU/ml 的青霉素、100μg/ml 链霉素、2mmol/L 谷氨酰胺及 10% 小牛血清）。

2.2.2 THP-1 细胞的传代培养

在培养瓶中接种 10^5 个/ml 传代培养。

2.2.3 速殖子的制备

复苏液氮保种的 RH 虫株，腹腔常规接种小白鼠，收集腹水，纯化虫体。

2.2.4 速殖子感染 THP-1 细胞的培养

将制备好的速殖子悬液接种到新鲜传代的 THP-1 培养物中，使培养瓶中弓形虫的密度为 4×10^5 个/ml，THP-1 细胞 2×10^5 个/ml（虫体与宿主细胞比为 2 : 1）。在 37℃ 培养箱中培养 48h 后，速殖子侵入多数 THP-1 细胞。此时，按弓形虫速殖子与 THP-1 细胞的比例为 1 : 1 或 2 : 1，将培养物的量调整到在每毫升新鲜 THP-1 中含 $2 \times 10^5 \sim 4 \times 10^5$ 个速殖子，每 2d 传代 1 次。

附录 4

鸡胚种植传代保存法

鸡胚培养是经典的活体细胞培养方法。目前该法在很大程度上已被组织培养法所取代。然而鸡胚作为接种对象具有简单、价廉、自然无菌、营养物质丰富等特点，且可保持虫体的毒力、不产生抗体等，仍不失为对弓形虫分离保种、大量制备的有效方法。通常采用经鸡胚绒毛尿囊膜接种弓形虫的途径感染鸡胚。

1 鸡胚的准备

将受精蛋放入 37～38℃ 恒温箱中孵育，每日翻动 1～2 次。在恒温箱中放置水盘以保持一定湿度。孵育 10～20d 左右，可用于接种。

2 RH 速殖子的制备

复苏冻存的 RH 株，腹腔常规接种小白鼠，收集腹水，纯化虫体。将纯化的虫体悬浮上述改良的 RPMI-1640 培养液中（含 4% 的小牛血清），计数。

3 接种弓形虫与培养步骤

取孵育 10～20d 的鸡胚，在胚胎附近（无大血管处）去掉一片蛋壳，但勿伤及壳膜。在气室中央（鸡蛋大头顶部）钻一个小孔，于壳膜上刺破一小缝（勿伤及下面的绒毛尿囊膜）。滴一滴无菌生理盐水于壳膜上，然后用小橡皮球自气室小孔处向外吸气，使绒毛尿囊膜凹下，与壳分开，造成供接种用的人工气室。用 1ml 注射器或毛细管吸取待接种材料 0.1～0.2ml 滴于绒毛尿囊膜上。

将鸡胚轻轻旋转使接种物扩散到人工气室之下的整个绒毛尿囊膜。用消毒胶布（或蜡）封闭小孔，使人工气室朝上，置 35～36℃ 培养，培养时间视研究目的而定。

4 收获虫体

在人工气室处用镊子扩大开口处，轻轻夹起绒毛尿囊膜，用消毒剪刀将感染的膜全部剪下，置于加有灭菌生理盐水的平碟中，收取虫体保存，或制造抗原或继续传代。

附录 5

弓形虫的冷冻保存法

弓形虫的胞膜脆弱，在低渗液中即刻变形破坏，在无保护剂的溶液中冻融可使虫体大量裂解，因而在弓形虫冷冻保存中，保护剂的使用及冷冻降温程序是关键。采用液氮冻存虫种，与细胞培养或小鼠传代等继代方法保存虫种相比，可简化程序，避免浪费人力物力和试验动物等，同时，也可避免因污染而丢失虫种。

1 冷冻保存的方法

本法保存虫体稳定，活虫数在保存 360d 后仍占 80% 以上。目前，在液氮冻存弓形虫速殖子的方法中，主要不同的是所使用的保护剂，但常用的保护剂是二甲基亚砜（DM-SO）。现主要介绍两种常用方法。

1.1 冷冻保存方法之一

1.1.1 冷冻保护剂及稀释液的配制

包括下述 A、B、C 三种溶液。

A 液的配方：三羟甲基氨基甲烷 3.028g，葡萄糖 1.25g，柠檬酸 1.075g，加双蒸水至 100ml。配制好后，经 35.6N、10min 高压灭菌。

B 液的配方：取 A 液 95ml，加 5ml DMSO，20ml 卵黄，青霉素 10 000IU，链霉素 10 000IU。

C 液的配方：取 B 液 96ml，加 4ml 甘油。

1.1.2 冷冻程序

整个冻存过程需无菌操作。

从小白鼠和细胞培养中繁殖的弓形虫收集速殖子。以 3 000r/min 离心 15min，弃上清液。将沉淀的虫体用无菌小牛血清重悬，使含虫量为 $3 \times 10^4 \sim 5 \times 10^4$ 个/ml。每毫升虫体悬液中加入新配制的 B 液 0.5ml。置 4℃ 冰箱内 1h。无菌条件下再加入 C 液 0.5ml，再放回 4℃ 冰箱 1h。分装于冻存管中，贴上标签，检查合格后，置液氮瓶内。先放在液面上 1/2 处预冷至 -70℃，约 3min，随后即可迅速沉入液氮内保存。

1.2 冷冻保存方法之二

1.2.1 虫体收集

将已感染弓形虫速殖子 3～4d 的小鼠断颈处死。无菌条件下用 2ml 生理盐水或 Hank's 液冲洗腹腔后吸出，滴片镜检，查看虫体。以高倍镜下每一视野几乎布满虫体为好，悬液内不含红细胞（RBC）及仅含少量白细胞（WBC）。如虫数较少，可适当离心浓缩。将含虫悬液直接移至冷冻管内。

1.2.2 加冷冻保护剂

无菌条件下按每毫升含虫悬液加入 0.08ml 10% 的二甲基亚砜，摇匀。

1.2.3 冻存

将待保种的冷冻管悬吊在液氮罐口至液面 1/2 处预冷 15min，然后迅速沉入液氮中保存。据报道，用此法保种，虫体冻存时间可长达 5a，其生物活性、毒力不变。该法的特点是简便易行，省时省力。但在操作过程中，需考虑以下几点：冻存的弓形虫速殖子须选用处于生长高峰的（即腹腔内繁殖27h），镜下所见形态典型的虫体；应尽量选用无细菌污染，极少红细胞、白细胞的小鼠腹腔悬液为佳；接种的小鼠以18～20g的幼鼠为理想。

2 弓形虫的复苏

2.1 虫体复苏方法之一

2.1.1 准备好37℃温水。

2.1.2 从液氮中取出虫体冷冻管，放入温水中，轻轻摇动使之快速解冻。

2.1.3 用pH 7.2的PBS或Hank's液洗去保护剂。

2.1.4 用于接种动物或组织培养。

2.2 虫体复苏方法之二

2.2.1 从液氮中取出含虫冷冻管，放置40℃水中快速解冻。

2.2.2 再转入37℃水浴或恒温箱孵育1h。

2.2.3 用于接种动物或组织培养。

3 虫体活力检查

3.1 动物接种

经腹腔接种2～3只小白鼠，每只接种0.2ml虫液（高倍镜下每个视野约10～15个弓形虫）。接种后4～5d小鼠发病，5～6d死亡。

3.2 显微镜检

取少量虫体用溴酚蓝染色，于白细胞计数板上检查活虫数目，不着色者为死虫，染成蓝色者为活虫。

参考文献

[1] 刘德纯，林清森．艾滋病合并弓形虫感染．中国人兽共患病杂志，2001，17（6）
64～67

[2] 中华人民共和国农业行业标准．弓形虫病诊断技术．NY/T 573 - 2002

[3] 于恩庶．弓形虫病学．福州：福建科学技术出版社，1992

[4] 徐亮，曾明安．4℃冰箱冷藏保存弓形虫速殖子的可行性观察．实用寄生虫病杂志，
2001，9（3）130

[5] 杜重波，李观娣．液氮冻存弓形虫的试验观察．中国兽医科技，1987，(10) 37～38

[6] 薛庆善．体外培养的原理与技术．北京：科学出版社，2001

[7] 姚玉霞，丛斌，彭郁葱．弓形虫保存方法探讨．医学动物防制，1997，13（3）142

[8] 赵惠芬，郑思民，顾建萍．弓形虫体外培养．中国寄生虫学与寄生虫病杂志，1986，
4（2）116～117

[9] 庄国正，孟佩云，安克贵．细胞培养和液氮冻存弓形虫的研究．中国寄生虫学与寄
生虫病杂志，1992，10（2）153

[10] 桂馨，陈丽萍，陆平．弓形虫低温冻存方法探讨．放射免疫学杂志，2000，13（2）
123～124

[11] Ross Smith. Method for storing toxoplasma gondii（RH Strain）in Liquid Nitrogen. Applied
Microbiology. 1973，Dec. 1011～1012

[12] Lindsay D S, Blagburn B L, Dubey J P. Survival of nonsporulated Toxoplasma gondii oo-
cysts under refrigerator conditions. Veterinary Parasitology. 2002，103：309～313

[13] Mavin S, Evans R, Chatterton JM, Ashburn D, Joss AW, Ho-Yen DO. Toxoplasma
gondii from liquid nitrogen for continuous cell culture：methods to maximise efficient retriev-
al. Br J Biomed Sci. 2003，60（4）：217～220

[14] Bollinger RO, Musallam N, Stulberg CS. Freeze preservation of tissue culture propagated
Toxoplasma gondii. J Parasitol. 1974，60（2）：368～369

第三部分

数据标准及质量控制规范

口蹄疫病毒资源数据标准

起草单位：中国农业科学院兰州兽医研究所
　　　　　中 国 兽 医 药 品 监 察 所

前　言

口蹄疫病毒（Foot and Mouth Disease Virus，FMDV）为小核糖核酸病毒科（Picornaviridae）口蹄疫病毒属（Aphthovirus）成员，口蹄疫病毒分为 O、A、C、SAT1、SAT2、SAT3 和 Asia1 共 7 个血清型。各型之间无交叉免疫保护。目前，我国已发现 O 型和 Asia1 型口蹄疫病毒。

口蹄疫病毒可导致易感偶蹄动物发生口蹄疫。口蹄疫临床表现为口、舌、唇、鼻、蹄、乳房等部位发生水疱、破溃形成烂斑。该病可引起严重经济损失和公共卫生问题，被世界动物卫生组织［World Organization for Animal Health（英），Office International des Epizooties（法），OIE］列为 A 类动物疾病，我国列为一类动物疫病。

制定本规范的目的是为了规范口蹄疫病毒资源的数字化表达方法，便于口蹄疫病毒资源的收集、保藏、鉴定、评价、研究，有效地整理口蹄疫病毒资源，促进口蹄疫病毒资源信息化，实现资源的高效共享，并为有效控制口蹄疫病毒的危害奠定基础。

本数据标准由国家自然科技资源共享平台建设项目提出。

本数据标准起草单位：中国农业科学院兰州兽医研究所，中国兽医药品监察所。

本数据标准主要起草人：刘湘涛、张强、吴国华、颜新敏、陈敏、何继军、陈涓、李健、朱海霞。

目　次

口蹄疫病毒资源数据标准

1 范围

本标准规定了口蹄疫病毒资源的描述符及其数字化表达方法。

本标准适用于口蹄疫病毒资源的收集、整理和保藏，以及数据库和信息共享网络系统的建立。

2 规范性引用文件

下列文件中的条款通过本标准的引用而成为本标准的条款。凡是不注日期的引用文件，其随后所有的修改本（不包括勘误的内容）或修订版均不适用于本标准，然而，鼓励根据本标准达成协议的各方，研究是否可使用这些文件的最新版本。凡是不注日期的引用文件，其最新版本适用于本标准。

国务院令第 424 号《病原微生物实验室生物安全管理条例》；

科学技术部自然科技资源平台联合管理办公室文件《微生物菌种资源共性描述规范》；

科学技术部自然科技资源平台联合管理办公室文件《微生物菌种资源分类编码体系》；

科学技术部自然科技资源平台联合管理办公室文件《微生物菌种资源采集环境描述规范》；

中华人民共和国农业部令第 53 号《动物病原微生物分类名录》。

3 口蹄疫病毒资源数据标准制定的原则和方法

3.1 原则

3.1.1 优先采用《口蹄疫病毒描述规范》中规定的描述符和描述标准。

3.1.2 立足我国现有基础，考虑将来发展，尽量与国际接轨。

3.1.3 数据标准描述内容应清楚、准确，力求完整；充分考虑该最新的研究进展；能被微生物专业人员理解。

3.2 方法和要求

3.2.1 描述符性质分为 2 类。

——M 为必须描述的数据信息；

——O 为可选描述数据信息，其描述与否视具体毒株而定。

3.2.2 数据标准内容从以下 8 个方面进行描述

（1）基本信息；

（2）形态学特征；

（3）培养特性；

（4）理化特性；

（5）结构与功能；

（6）生物学特性；

（7）致病性；

（8）其他特性。

3.2.3 数据标准中的字段类型分文本型（C）、数值型（N）、日期型（D）和选择型（S）。日期型的格式为 YYYYMMDD。字段名最长 12 位。

3.2.4 基因序列按实际测定大小确定字段长度，以 U 表示。

4 口蹄疫病毒资源数据标准描述表

序号	描述符	字段名	字段英文名	字段类型	字段长度	字段小数位	单位	代码	代码英文名	例子
1	平台资源号	平台资源号	Accession number	文本	18					
2	菌株保藏编号	毒株保藏编号	Catalogue accession number	文本	20					
3	中文名称	中文名	Scientific name in Chinese	文本	30					口蹄疫病毒O型
4	资源归类编码	资源归类编码	Category code of resources	数字	10					
5	分类地位	分类地位	Lineage	文本	225					
6	其他保藏机构编号	其他保藏机构编号	Accession number in other collection	文本						
7	来源历史	来源历史	Origin history	文本	225					兰州兽医研究所←原苏联中监所
8	收藏时间	收藏时间	Collection date	日期						
9	原始编号	原始编号	Original number	文本	20					
10	引进国或引进地区	引进国或引进地	Introduction country or area	文本	16					原苏联
11	参考毒株	参考毒株	Reference strain	选择	12			1. 参考毒株；2. 非参考毒株	1. Reference strain, 2. Not reference strain	
12	疫苗毒株	疫苗毒株	Vaccine strain	选择	12			1. 疫苗毒株；2. 非疫苗毒株	1. Vaccine strain, 2. Not vaccine strain	

序号	描述符	字段名	字段英文名	字段类型	字段长度	字段小数位	单位	代码	代码英文名	例子
13	主要用途	主要用途	Main field of application	选择	6			1. 分类； 2. 研究； 3. 教学； 4. 分析检测； 5. 生产； 6. 其他	1. Taxonomy, 2. Research, 3. Education, 4. Assay, 5. Production, 6. Others	
14	具体用途	具体用途	Special application	文本	225					
15	生物危害程度	生物危害程度	Risk group	选择	8			1. 一类； 2. 二类； 3. 三类； 4. 四类； 5. 不清楚	1. Group Ⅰ, 2. Group Ⅱ, 3. Group Ⅲ, 4. Group Ⅳ, 5. Unknown	
16	毒株类型	毒株类型	Strain type	选择	2?			1. 野生毒株； 2. 传代株	1. Wild strain, 2. Passage strain	
17	采集地区	采集地区	Sampling area	文本	20					云南昆明
18	采集地生境	采集地生境	Sampling-habitat	文本	225					
19	分离人/分离单位	分离人/单位	Isolator or isolated institute	文本	225					中国农业科学院兰州兽医研究所
20	分离时间	分离时间	Isolation date	日期	8					19830728
21	分离基物	分离基物	Isolation substrate	文本	30					牛水泡皮
22	鉴定人	鉴定人	Identification person	文本	10					
23	鉴定人所在单位	鉴定人所在单位	Institute of identification person	文本	225					中国农业科学院兰州兽医研究所
24	收藏时间	收藏时间	Collection time	日期	8					19830728
25	培养基编号	培养基编号	Culture number	数字	10					
26	图像信息	图像信息	Image	连接						
27	序列信息	序列信息	Sequence information	文本	225					
28	文献信息	文献信息	Reference	连接						

续表

序号	描述符	字段名	字段英文名	字段类型	字段长度	字段小数位	单位	代码	代码英文名	例子
29	数据源主键	数据源主键	Main key of data	文本	9					
30	病毒形状	病毒形状	Virus shape	文本	4					球形
31	病毒排列方式	形成结晶	Form crystallization	选择	10			1. 是； 2. 否	1. Yes, 2. No	是
32	表面纤突	表面纤突	Surface spike	选择	10			1. 有； 2. 无	1. Yes, 2. No	无
33	囊膜	囊膜	Envelope	选择	6			1. 有； 2. 无	1. Yes, 2. No	无
34	衣壳对称性	衣壳对称性	Capsized symmetry	选择	10			1. 立体对称； 2. 螺旋体对称； 3. 复合对称	1. cubic symmetry, 2. helical symmetry, 3. complex symmetry	立体对称
35	病毒粒子的壳粒数目	病毒粒子的壳粒数目	Particle number of virion	数字	2					32
36	衣壳结构	衣壳结构	Capsize structure	文本	40					二十面体，4种结构蛋白组成
37	病毒大小	病毒大小	Size of virus	文本	2	0	nm			28
38	核衣壳大小	核衣壳大小	Size of nucleocapsid	文本	2	0	nm			20
39	培养物类型	培养物类型	Culture type	选择	4			1. 细胞； 2. 禽胚； 3. 动物； 4. 其他	1. cell, 2. avian embryo, 3. animal, 4. others	细胞
40	培养物的名称	培养物的名称	Culture name	文本	20					幼仓鼠肾细胞
41	培养方法	培养方法	Culture method	文本	20					细胞传代
42	培养温度	培养温度	Culture temperature	数字	4	1	℃			36.5
43	培养时间	培养时间	Culture hour	数字	4	1	h			14.5
44	pH 值	pH 值	pH value	数字	4	1	pH			7.4
45	营养因子	营养因子	Nutritive factor	文本	40					氨基酸，动物血清

续表

序号	描述符	字段名	字段英文名	字段类型	字段长度	字段小数位	单位	代码	代码英文名	例子
46	其他培养条件	其他培养条件	Other culture conditions	文本	40					避免震动
47	病毒粒子在培养物内的聚集场所	病毒粒子聚集场所	Assemble location of virion in culture	文本	30					感染细胞细胞质
48	病毒粒子在培养物内的装配场所	病毒粒子装配厂所	Assembly location of virion	文本	30					感染细胞内
49	病毒粒子在培养物内的成熟部位	病毒粒子成熟部位	Maturation location of virion	文本	30					感染细胞胞浆内
50	病毒粒子在培养物内的释放	病毒粒子释放部位	Release location of virion	文本	30					感染细胞表面
51	CPE	CPE	Cytopathic effect	选择	2			1. 是;2. 否	1. Yes, 2. No	
52	其他培养特性	其他培养特性	Other culture character	文本	50					PEG 沉淀法
53	病毒的提纯方法	病毒的提纯方法	Purification methods	文本	30					是
54	对两价离子（Mg^{2+}和Mn^{2+}）的稳定性	对两价离子（Mg^{2+}和Mn^{2+}）的稳定性	Stabilization to bivalence ion	选择	6			1. 稳定;2. 不稳定	1. stable, 2. unstable	稳定
55	对消毒剂的稳定性	对消毒剂的稳定性	Stabilization to disinfector	选择	6			1. 稳定;2. 不稳定	1. stable, 2. unstable	不稳定
56	对辐射的稳定性	对辐射的稳定性	Stabilization to radilization	选择	6			1. 稳定;2. 不稳定	1. stable, 2. unstable	不稳定
57	对酸碱的稳定性	对酸碱的稳定性	Stabilization to acid and base	选择				1. 稳定;2. 不稳定	1 stable, 2 unstable	不稳定

续表

序号	描述符	字段名	字段英文名	字段类型	字段长度	字段小数位	单位	代码	代码英文名	例子
58	对热的稳定性	对热的稳定性	Stabilization to heat	选择				1. 稳定；2. 不稳定	1. stable, 2. unstable	不稳定
59	分子量	分子量	Molecular weight	数字	8	2	ku			6.9×10^3
60	浮密度	浮密度	Buoyant density	数字	4	2	g/cm^3			1.43
61	沉降系数	沉降系数	Sedimentation coefficient	数字	3		S			146
62	等电点	等电点	Isoelectrie point	数字	4	1				8.0
63	凝集红细胞特性	凝集红细胞特性	Character of the red blood cells agglutinate	选择	6			1. 凝集；2. 不凝集	1. agglutinable, 2. unagglutinable	不凝集
64	结构蛋白的数目	结构蛋白的数目	Number of structural protein	数字	4					4
65	结构蛋白的种类名称	结构蛋白的种类名称	Name of structural protein	文本	20					VP1
66	结构蛋白的功能	结构蛋白的功能	Function of structural protein	文本	40					构成病毒衣壳
67	结构蛋白的大小	结构蛋白的大小	Size of structural protein	数字	8	2	ku			34
68	结构氨基酸序列VP1	结构氨基酸序列VP1	Amino acid sequence of VP1	文本	U					
69	结构氨基酸序列VP2	结构氨基酸序列VP2	Amino acide of structural protein VP2	文本	U					
70	结构氨基酸序列VP3	结构氨基酸序列VP3	Amino acide sequence of structural protein VP3	文本	U					
71	结构氨基酸序列VP4	结构氨基酸序列VP4	Amino acid of structural protein VP4	文本	U					
72	非结构蛋白的数目	非结构蛋白的数目	Number of nonstructural protein	数字	4					8

续表

序号	描述符	字段名	字段英文名	字段类型	字段长度	字段小数位	单位	代码	代码英文名	例子
73	非结构蛋白种类名称	非结构蛋白种类名称	Name of non-structural protein	文本	20					前导蛋白酶
74	非结构蛋白的功能	非结构蛋白的功能	Function non-structural protein	文本	50					负责关闭宿主的蛋白合成系统
75	非结构蛋白的大小	非结构蛋白的大小	Size of non-structural protein	数字	8	2	ku			2.30
76	非结构氨基酸序列2A	非结构氨基酸序列2A	Amine acid sequence of nonstructural protein 2A	文本	U					
77	非结构氨基酸序列2B	非结构氨基酸序列2B	Amine acid sequence of nonstructural protein 2B	文本	U					
78	非结构氨基酸序列2C	非结构氨基酸序列2C	Amine acid sequence of nonstructural protein 2C	文本	U					
79	非结构氨基酸序列3A	非结构氨基酸序列3A	Amine acid sequence of nonstructural protein 3A	文本	U					
80	非结构氨基酸序列3B	非结构氨基酸序列3B	Amine acid sequence of nonstructural protein 3B	文本	U					
81	非结构氨基酸序列3C	非结构氨基酸序列3C	Amine acid sequence of nonstructural protein 3C	文本	U					
82	非结构氨基酸序列3D	非结构氨基酸序列3D	Amine acid sequence of nonstructural protein 3D	文本	U					
83	核酸类型	核酸类型	Nucleic acid type	文本	3					RNA
84	碱基链存在方式	碱基链存在方式	Base chain exist mode	文本	4			1. 线状; 2. 环状	1. Lineation 2. circularity	线状
85	碱基链性质	碱基链性质	Character of base chain	文本	4			1. 正义; 2. 反义; 3. 双义	1. sense, 2. antisense, 3. ambisense	正义

续表

序号	描述符	字段名	字段英文名	字段类型	字段长度	字段小数位	单位	代码	代码英文名	例子
86	碱基链数目	碱基链数目	Number of base chain	数字	1					1
87	核苷酸序列信息	核苷酸序列信息	Sequence information of nucleic acid	文本	20					序列公布号 AF506822
88	开放阅读框数目和位置	开放阅读框数目和位置	Number and location of open reading frame	数字/文本	30					
89	基因组连续性	基因组连续性	Continuity of genome	文本	4					连续
90	基因组大小	文件名	File name	数字	5	1	kb			8.3
91	基因序列VP1	文件名	File name	文本	30					
92	基因序列VP2	文件名	File name	文本	30					
93	基因序列VP3	文件名	File name	文本	30					
94	基因序列VP4	文件名	File name	文本	30					
95	地理分布	地理分布	Geography distribution	文本	80					
96	血清型	血清型	serotype	文本	8			1. O型；2. A型；3. C型；4. Asia1型；5. SAT1型；6. SAT2型；7. SAT3型	1. O type, 2. A type, 3. C type, 4. Asia1 type, 5. SAT1 type, 6. SAT2 type, 7. SAT3 type	O型
97	抗原性	抗原性	Antigenicity	文本	10					
98	自然宿主	自然宿主	Natural host	文本	10					猪
99	流行季节	流行季节	Prevail season	文本	10					秋季
101	基因型	基因型	Genetype	文本	16					RNA
102	传播方式	传播方式	Mode of transmission	文本	20					接触饮水
103	贮存宿主	贮存宿主	Reservoir host	文本	10					牛

续表

序号	描述符	字段名	字段英文名	字段类型	字段长度	字段小数位	单位	代码	代码英文名	例子
104	对宿主致病的临床症状	对宿主致病的临床症状	Clinical symptom of host	文本	50					出现水疱
105	对宿主致病的病理变化	对宿主致病的病理变化	Pathological change to host	文本	50					出现"虎斑心"症状
106	组织嗜性	组织嗜性	Tissue tropism	文本	20					上皮组织
107	实验宿主	实验宿主	experiment host	文本	20					3 日龄乳鼠
108	传染源	传染源	Source of infection	文本	20					饲料
109	致病性	致病性	pathogenicity	文本	20					致病
110	致病对象名称	致病对象名称	pathogenicity object	文本	40					牛
111	致病力	致病力	virulence	文本	20					强
112	病毒含量	病毒含量	Content of virus	数字	8	1	Pfu/ml			1.0×10^3
113	对细胞的致病力 $TCID_{50}$	对细胞的致病力 $TCID_{50}$	Virulence to cell	数字	5	2				8.00
114	对禽胚的致病力 EID_{50}	对禽胚的致病力 EID_{50}	Virulence to avian embryo	数字	5	2				4.67
115	对动物的致病力 LD_{50}	对动物的致病力 LD_{50}	Virulence to animal	数字	5	2				4.33
116	其他致病性	其他致病性	Other pathogenicity	文本	30					

参考文献

［1］殷震，刘景华．动物病毒学．第二版．北京：科学出版社，1997

［2］陆承平．兽医微生物学．第三版．北京：中国农业出版社，2001

［3］金奇．医学分子病毒学．北京：科学出版社，2001

［4］朱其太．新的动物病毒分类简介．中国兽医杂志，1999，11：44～47

［5］郭志儒．动物病毒分类新动态．中国兽医学报，2003，23：305～309

［6］中国微生物菌种保藏管理委员会．中国菌种目录．北京：机械工业出版社，1992

［7］蔡宝祥. 家畜传染病学. 第三版. 北京：中国农业出版社，1994

［8］谢庆阁. 口蹄疫，北京：中国农业出版社，2004

［9］Mayo M A. Virus taxonomyhouston. Arch Virol，2002，147（5）：1071～1076

［10］Mayo M A. A summary of taxonomic changes recently approved by ICTV ［J］. Arch Virol，2002，14（7）：1655～1656

［11］Acharya R，Fry E，Stuart D *et al*. Three-dimensional structure of foot and mouth disease virus at 2. 9 A resolution. Nature，1989，337：709～716

［12］Fry EE，Stuart DI，Rowlands DJ *et al*. The structure of foot-and-mouth disease virus. Curr Top Microbiol Immunol，2005，288：71～101

［13］Carrillo C，Tulman ER，Delhon G *et al*. Comparative genomics of foot-and-mouth disease virus. J Virol，2005，79（10）：6487～504

口蹄疫病毒资源数据质量控制规范

起草单位：中国农业科学院兰州兽医研究所
中国兽医药品监察所

前　言

　　口蹄疫病毒（Foot and Mouth Disease Virus，FMDV）为小核糖核酸病毒科（Picornaviridae）口蹄疫病毒属（Aphthovirus）成员，口蹄疫病毒属分为 O、A、C、SAT1、SAT2、SAT3 和 Asia1 共 7 个血清型。

　　口蹄疫是由口蹄疫病毒引起的易感偶蹄动物的一种急性、热性、高度接触传染性的动物疫病。其临床表现为口、舌、唇、鼻、蹄、乳房等部位发生水疱、破溃形成烂斑；侵染对象是猪、牛、羊等主要畜种及其他家养和野生偶蹄类动物。该病可引起严重经济损失和公共卫生问题，被世界动物卫生组织 [World Organization for Animal Health（英），Office International des Epizooties（法），OIE] 列为 A 类动物疾病，我国列为一类动物疫病。

　　制定本规范是为了规范口蹄疫病毒资源采集、保存过程中的质量控制内容和质量控制方法，以保证数据的系统性、可比性和可靠性。

　　本规范由国家自然科技资源共享平台建设项目提出。

　　本规范起草单位：中国农业科学院兰州兽医研究所，中国兽医药品监察所。

　　本规范主要起草人：刘湘涛、张强、颜新敏、吴国华、陈敏、何继军、陈涓、李健、朱海霞等。

目　次

口蹄疫病毒资源数据质量控制规范

1 范围

本规范规定了口蹄疫病毒资源数据采集、保存过程中的质量控制内容和方法。

本规范适用于口蹄疫病毒资源的收集、整理、整合和共享。

2 规范性引用文件

下列文件中的条款通过本规范的引用而成为本规范的条款。凡是注日期的引用文件，其随后所有的修改本（不包括勘误的内容）或修订版均不适用于本规范，然而，鼓励根据本规范达成的各方，研究是否可适用这些最新版本。凡是不注日期的应用文件，其最新版本适用于本规范。

GB/T 2659 世界各国和地区名称代码；

GB/T 2260 中华人民共和国行政区划代码；

GB/T 12404 单位隶属关系代码；

GB/T 18935 口蹄疫诊断技术；

国务院令第 424 号《病毒微生物试验室生物安全管理条例》；

中华人民共和国农业部令第 53 号《动物病源微生物分类名录》；

科学技术部自然科技资源平台联合管理办公室文件《微生物菌种资源共性描述规范》；

科学技术部自然科技资源平台联合管理办公室文件《微生物菌种资源分类编码体系》；

科学技术部自然科技资源平台联合管理办公室文件《微生物菌种资源采集环境描述规范》。

3 数据质量控制的基本要求

3.1 试验地点

试验地点的环境条件应能满足生物安全管理要求，涉及口蹄疫病原的操作均应在生物安全三级试验室内进行。

3.2 病毒分离及培养体系

为避免分离过程中更换宿主后可能导致分离的病毒发生变异，应用犊牛甲状腺原代细胞分离牛、羊来源的口蹄疫病毒，用猪肾传代（PK15）细胞分离猪源口蹄疫病毒。

3.3 病毒培养条件控制

病毒的培养温度应控制在 $36.5 \sim 37.5℃$ 之间。使用统一的培养基，培养液中的血清应为无污染、无口蹄疫抗体的胎牛血清。

4 基本信息

4.1 平台资源号

国家自然科技资源 e-平台统一生成的资源编号，平台资源号长度为 18 位，编号规则为：微生物菌种资源分类编号（2位）＋单位所在区域编号（2位）＋资源单位性质代码（P或C分别代表资源提供者是法人实体或自然人）＋资源保藏单位/人序号（4位，由国家自然科技资源平台管理联合办公室统一给出）＋9位（由各子项目牵头单位规定）。

如"1511C0001ACCC50012"，其中"15"代表微生物，"11"代表北京，"C"代表法人实体，"0001"代表中国农业微生物菌种保藏管理中心，"ACCC50012"代表农业微生物子项目确定的菌种编号。

4.2 毒株保藏编号

指毒株在专业保藏机构的保藏编号。保藏编号由前缀和毒株编号两部分组成，前缀为保藏机构英文名称的缩写，前缀和毒株编号之间应留半角空格。如"ACCC 50012"，其中"ACCC"为"中国农业微生物菌种保藏管理中心"的英文缩写；"50012"是菌株在中国农业微生物菌种保藏管理中心的编号；"ACCC"和"50012"之间有一半角空格。

4.3 中文名称

毒株的中文名称。尚无中文译名时，填写"暂无"。

4.4 科名

科名由拉丁名加括号内的中文名组成，口蹄疫病毒为 Picornaviridae（小 RNA 病毒科）成员。

4.5 属名

属名由拉丁名加括号内的中文名组成，口蹄疫病毒为 Aphthovirus（口蹄疫病毒属）。

4.6 资源归类编码

毒株的资源归类编码，参照《微生物菌种资源分类编码体系》。

4.7 其他保藏机构编号

毒株在其他菌种保藏机构的毒株保藏编号。每个其他保藏机构的编号均由"＝"开头，如编号不止一个时，中间也用"＝"连接。

4.8 来源历史

毒株资源在收藏单位之间的转移情况。得到该毒株的途径。收藏单位前以左指向箭头"←"开头，收藏单位之间用左指向箭头"←"连接。

4.9 收藏时间

口蹄疫菌病毒毒株资源被保藏机构收集、收藏时间。格式为 YYYYMMDD，其中 YYYY 为年，MM 为月，DD 为日。

4.10 原始编号

毒株分离的最初编号。

4.11 引进国家或引进地区

由国外引进的毒株应指明该毒株分离采集地所在国家或地区，国家和地区名称参照 ISO3166 和 GB/T 2659。如这个国家已经不存在，应在原国家名称前加"原"，如"原苏联"。

4.12 参考毒株

是否为参考毒株。

（1）是；

（2）否。

4.13 疫苗毒株

是否为疫苗毒株。

（1）是；

（2）否。

4.14 主要用途

毒株资源的主要用途：

（1）分类；

（2）研究；

（3）教学；

（4）分析检测；

（5）生产；

（6）其他。

4.15 具体用途

毒株资源的具体用途：

（1）研究；

（2）分类；

（3）生产。

4.16 生物危害程度

病原微生物菌种资源的分类，其分类方法见《病原微生物实验室生物安全管理条例》。

（1）一类；

（2）二类；

（3）三类；

（4）四类；

（5）不清楚。

4.17 毒株类型

保藏的毒株资源的种质类型分为：

（1）野生毒株；

（2）传代毒株。

4.18 采集地区

毒株采集地的县级行政区划分。省、县名称参照 GB/T 2260。

4.19 采集地生境

毒株采集地点的生态环境，参照《微生物菌种资源采集环境描述规范》。

4.20 分离人或分离单位

毒株最初分离人的姓名。分离单位名称应写全称，例如："中国农业科学院兰州兽医研究所"。

4.21 分离时间

毒株的分离时间。格式为 YYYYMMDD，其中 YYYY 为年，MM 为月，DD 为日。

4.22 最初感染动物种属

分离该毒株感染动物的类别，如猪源毒。

4.23 鉴定人
分离毒株的鉴定人。

4.24 鉴定人所在单位
毒株鉴定人的单位名称。单位名称应写全称，例如："中国农业科学院兰州兽医研究所"。

4.25 收藏时间
该毒株被保藏机构开始收藏的时间。格式为 YYYYMMDD，其中 YYYY 为年，MM 为月，DD 为日。

4.26 培养基编号
毒株最适培养基的统一编号。编号以 4 位数表示，培养基的统一编号参考《中国菌种目录》。

4.27 图像信息
病毒图像格式为 .jpg。图像文件名由统一编号加半连号"-"加序号加".jpg"组成。如有两个以上的图像文件，图像文件名用半角分号分隔，如"AV890010-1.jpg；AV890010-2.jpg"。

4.28 序列信息
指明毒株 VP1、VP2、VP3 和 VP4 结构蛋白基因和其他非结构蛋白基因或序列在 Genebank 中的注册号；有全基因组序列信息的指明全基因序列在 Genebank 中的注册号。

4.29 文献信息
列出该毒株主要的参考文献。

4.30 数据源主键
连接微生物菌种资源特性数据的主键值，以毒种保藏编号（无空格）表示。

5 形态学特征

5.1 病毒形状
通过电子显微镜观察等方法观察到的病毒形态。根据病毒形态的模式图及有关说明，确定口蹄疫病毒的三维形态。

5.2 病毒排列方式
用饱和硫酸铵反复浓缩，X-射线衍射观察多个病毒粒子的排列方式，是否形成结晶。
（1）是；
（2）否。

5.3 表面纤突
病毒表面是否有纤突结构。
（1）有；
（2）无。

5.4 囊膜
负染色后的标本在电镜下观察病毒是否有囊膜。
（1）有；
（2）无。

5.5 衣壳对称性

病毒样品在负染色后在电镜下观察衣壳结构，根据电镜观察和文献的文字描述来确定病毒衣壳的对称性。病毒衣壳对称性主要有 3 种类型。

（1）立体对称；

（2）螺旋体对称；

（3）复合对称。

5.6 病毒粒子的颗粒数目

立体对称病毒粒子的壳粒数目。正二十面体的每个面都呈三角形，由许多壳粒镶嵌组成。病毒顶和面由等距离分布的壳粒所覆盖。根据一个棱上的壳粒数（n），可按 $N = 10(n-1)^2$ 的公式，计算整个病毒的壳粒数（N）。

5.7 衣壳结构

指出病毒的衣壳结构。

5.8 完整病毒大小

用磷钨酸钠作负染染色的标本在高分辨率的电镜下直接观察病毒的大小，或通过过滤的方法测定病毒的大小，单位 nm。

5.9 核衣壳大小

病毒核衣壳大小，单位 nm。

6 培养特性

6.1 培养物的类型和名称

病毒培养物的类型。

（1）细胞；

（2）禽胚；

（3）动物；

（4）其他。

6.2 培养方法

病毒的培养方法，细胞传代、乳鼠传代、豚鼠传代、本动物。

细胞毒应指明所用细胞的名称，培养细胞所用的培养基，培养温度，收毒时间，病毒在细胞中的培养代次。

鼠组织毒应指明接种鼠的日龄、接种方法，接种毒的浓度和剂量，收毒时间和传代次数。

豚鼠毒、本动物组织毒指明动物的年龄或体重、接种方法，接种毒的浓度和剂量，收毒时间和传代次数。

6.3 培养温度

病毒生长的最佳温度或最佳温度范围，温度精确到小数点后 1 位，单位为"℃"，如 36.5 ~ 37.5℃。

6.4 聚集场所

病毒粒子在培养物内的聚集场所。

6.5 装配场所

病毒粒子在培养物内的装配场所。

6.6 成熟场所

病毒粒子在培养物内的成熟场所。

6.7 释放部位

病毒粒子在培养物内的释放部位。

6.8 细胞病变效应（CPE）

病毒在感染细胞中细胞病变效应，在细胞培养中 CPE 的特征固定不变。CPE 的形态可分为 4 类。根据病毒在细胞中产生的 CPE 特征来判定病毒是否产生 CPE。

（1）细胞的折光性增强，形态逐渐变圆，感染细胞由局部扩展到整个单层，细胞死亡，脱落。

（2）细胞聚集成丛，类似葡萄串状，细胞之间常有细丝状细胞间桥连接，每个细胞变圆或者膨大。

（3）细胞融合形成多核的巨细胞。

（4）胞浆中有无空泡形成。

1）有；

2）无。

6.9 其他培养特性

7 理化特性

7.1 病毒的提纯方法

7.1.1 中性盐沉淀法

病毒一般在 45% 以上饱和度的硫酸铵溶液中沉淀，且保持其感染性。

7.1.2 聚乙二醇（PEG）沉淀法

PEG 为水溶性非离子型聚合物，具有各种不同的分子量，将 PEG 配成 50% 左右的溶液，或直接将固体 PEG 加入病毒悬液中，使其达到所需浓度，通常在 4℃ 搅拌过夜后离心使病毒沉淀。

7.1.3 有机溶剂沉淀法

甲醇、氯仿、正丁醇、氟碳化合物等都可用提纯病毒。

7.1.4 等电点沉淀法

病毒在等电点时，所携带的正电荷与负电荷中和，因失去相互排斥力而发生沉淀。

7.2 病毒的稳定性

7.2.1 对两价离子（Mg^{2+} 和 Mn^{2+}）的稳定性

用 1mol/L $MgCl_2$，1mol/L $MgSO_4$ 在 50℃ 加热 1h 后来鉴定病毒的稳定性。

7.2.2 对消毒剂的稳定性

石碳酸、酒精、乙醚、氯仿等有机溶剂的灭活作用；吐温-80 等去垢剂的灭活作用；乳酸、次氯酸和福尔马林或 0.2% 过氧乙酸的灭活作用，鉴定病毒的稳定性。

7.2.3 对辐射的稳定性

电离辐射中的 X 射线和 γ 射线都由光子组成，其运动速度与光速相同，他们作用于其他物质后产生次级电子，次级电子再通过直接作用和间接作用，作用于病毒核酸。

7.2.4 对酸碱的稳定性

在不同酸碱条件下的稳定性，应指明 pH 值或范围，精确到小数点后 1 位。

7.2.5　对热的稳定性

在26℃、37℃、56℃、75℃和85℃温度条件下，病毒的热稳定性。

7.3　分子量

病毒分子量单位道尔顿（D，Da）。（注：换算因数1D＝1μ，下同）。

7.4　浮密度

病毒在氯化铯密度梯度中的浮密度，单位是 g/cm^3，精确到小数点后两位数字，如 $1.43g/cm^3$。

7.5　沉降系数

在口蹄疫病毒制品中，有不同大小的几种病毒粒子，包括完整病毒、空衣壳和蛋白亚单位，这些粒子在单位离心力场中的移动速度不同，具有不同的沉降系数，沉降系数单位（s）。

7.6　等电点

病毒等电点由病毒颗粒表面的氨基酸所决定，是使病毒颗粒发生凝集的pH值。

7.7　凝聚红细胞特性

可通过直接血凝试验判定病毒是否具有凝聚红细胞的特性。

当病毒抗原与红细胞直接作用，如果产生红细胞凝集，说明抗原有凝集红细胞的作用，如果红细胞沉入孔底，说明抗原无凝集红细胞的作用。

需指明是何种动物的红细胞。

（1）凝集；

（2）不凝集。

8　结构与功能

8.1　结构蛋白数目

结构蛋白是指构成一个形态成熟的有感染性的病毒颗粒所必需的蛋白质，包括衣壳蛋白、包膜蛋白和酶等组成病毒结构的蛋白数目。

8.2　结构蛋白种类

组成病毒结构蛋白种类，包括衣壳蛋白，基质蛋白和囊膜蛋白等。

8.3　结构蛋白的种类名称

病毒衣壳蛋白、基质蛋白和囊膜蛋白结构蛋白的名称。

8.4　结构蛋白的功能

病毒结构蛋白的主要功能。

衣壳蛋白包裹核酸，形成保护性外壳；基质蛋白位于外层脂质和衣壳之间，起到维持病毒内外结构的作用；囊膜蛋白主要是糖蛋白，位于囊膜表面。

8.5　结构蛋白的大小

病毒结构蛋白的大小，单位道尔顿（D，Da）。

8.6　结构氨基酸序列

通过测定碱基序列，与GenBank上已经发表的序列比对后，再翻译成蛋白质来确定病毒结构氨基酸序列。

8.7　非结构蛋白的数目

参与病毒RNA的复制、多聚蛋白的裂解和结构蛋白的折叠与装配的蛋白的数目。

8.8 非结构蛋白种类名称

参与病毒 RNA 的复制、多聚蛋白的裂解和结构蛋白的折叠与装配的蛋白的种类名称。

8.9 非结构蛋白的功能

病毒非结构蛋白的功能。非结构蛋白参与 RNA 的复制、多聚蛋白的裂解和结构蛋白的折叠和装配等过程。

8.10 非结构蛋白的大小

非结构蛋白的大小，单位道尔顿（D，Da）。

8.11 非结构氨基酸序列

通过测定核苷酸序列，与 GenBank 比对后，再翻译成蛋白质来确定病毒非结构氨基酸序列。

8.12 核酸类型

指明病毒基因组核酸性质。

（1）DNA；

（2）RNA。

8.13 碱基链存在方式

病毒碱基链存在方式。

（1）线状；

（2）环状。

8.14 碱基链性质

指明病毒碱基链性质。

（1）正链；

（2）负链；

（3）双义。

8.15 碱基链数目

指明病毒碱基链的股数。

（1）单股；

（2）双股。

8.16 核苷酸序列信息

在 GenBank 中查取或测序得到病毒核苷酸的全部或部分信息。

8.17 开放阅读框数目和位置

指明病毒开放阅读框的数目，是一个阅读框编码所有病毒蛋白，中间没有非编码序列隔开；或是病毒由多个编码阅读框组成，中间有间隔子隔开。一个完整的开放阅读框包括起始密码子和终止密码子。并要指明开放阅读框的碱基位置。

口蹄疫病毒基因组中部是一大的开放阅读框，编码 1 多聚蛋白。开放阅读框 5′端编码 L 蛋白，紧接着是 4 种结构蛋白和其他 7 种非结构蛋白。

8.18 基因组连续性

病毒基因组的连续性。

（1）连续；

（2）不连续。

8.19 基因组大小

病毒基因组大小，单位 kb。

9 生物学特性

9.1 地理分布

病毒主要的分布地区。

9.2 血清型

通过国际公认的方法鉴定病毒的血清型，酶联免疫吸附试验、补体结合试验和核酸识别试验。

补体结合试验（CF）：根据抗原—抗体系统和溶血系统反应时均有补体参与的原理设计的，以溶血系统作为指示剂，限量补体测定病毒抗原。当病毒抗原与血清抗体发生特异反应形成复合物时，加入的补体因结合于该复合物而被消耗，溶血系统中没有游离补体不发生溶血，试验显示阳性。补体结合试验的结果以产生 50% 溶血时的血清稀释度来表示。

酶联免疫吸附试验（ELISA）：在酶标板的不同排，用兔抗 FMD 病毒 7 个（或几个）血清型的抗血清包被，尔后每排的各孔加入被检样品悬液，并设对照组。接着，再加每一个血清型 FMD 病毒的豚鼠抗血清，随后，加酶标记的兔抗豚鼠血清。每一步都应充分洗涤，以去掉未结合的试剂。加酶底物后，根据出现的颜色反应判定血清型。

核酸识别方法（PCR）：设计区别 7 个血清型的特异引物，反转录—聚合酶链反应扩增 FMD 病毒 RNA，继之进行核酸测序，与根据病毒分离株不同的基因比较。

口蹄疫病毒有 7 个血清型：即 O 型，A 型，C 型，Asia1 型，SAT1 型，SAT2 型，SAT3 型。

9.3 抗原性

与参考毒株或疫苗毒株的血清学关系，并指出毒株与参考毒株或疫苗毒株之间的 R 值。

R 值为区分相同血清型之间的不同亚型之间的关系。

R 值的计算，按公式 $R = (r_1 + r_2)^{1/2} \times 100\%$

$r_1 = A$ 毒株抗血清 $+ B$ 毒株/A 毒株抗血清 $+ A$ 毒株

$r_2 = B$ 毒株抗血清 $+ A$ 毒株/A 毒株抗血清 $+ B$ 毒株

9.4 自然宿主

分离毒株的自然宿主：猪、牛、羊等主要偶蹄畜种和野生偶蹄动物。

9.5 流行季节

病毒病流行的季节。病毒引起动物发病经常有季节性，或在一定的季节出现发病率显著升高的现象。

9.6 传播方式

病毒的传播方式，根据病毒的传播方式主要分为两类。

接触传播：动物之间的直接接触或者动物和带有病毒的媒介直接接触；

空气传播：通过气源方式传播。

10 致病性

10.1 储存宿主

病毒储存宿主名称。

10.2 对宿主致病的临床变化

直接观察发病动物的口腔黏膜、蹄部和乳房等部位的临床变化。

10.3 对宿主致病的病理变化

解剖动物观察咽喉、气管、支气管、前胃黏膜、真胃和心脏的病理变化。

10.4 组织嗜性

病毒在宿主体内的组织嗜性。

10.5 传染源

病毒的传染源。包括感染动物、感染动物的分泌物和排泄物、动物产品、病毒的污染源。

10.6 致病性

病毒是否具有致病性。

10.7 致病对象以及名称

指明病毒致病的对象，鸟类，禽类，野生动物或家畜，并指出病毒致病对象的名称。

10.8 致病力

病毒的致病力的强弱。病毒的致病力的表示方式：半数细胞感染量（$TCID_{50}$）、半数动物感染量（ID_{50}）或半数动物致死量（LD_{50}）。

10.8.1 对细胞的致病力

半数组织细胞感染量（$TCID_{50}$）的测定本法可估计所含病毒的感染量，以能使半数细胞病变的病毒稀释度的倒数的对数表示。方法是测定病毒感染组织培养后，引起50%发生死亡或病变的最小病毒量。将病毒悬液作10倍连续稀释，细胞培养中，经一定时间后，观察细胞病变，计算半数组织细胞感染量，可获得比较准确的病毒感染性滴度。如$10^{-7.5}$稀释度的病毒能使半数细胞病变，则此病毒的$TCID_{50}$为7.50，数值精确到小数点后2位。

10.8.2 对动物的致病力

将病毒悬液作一定倍数的连续稀释，接种于易感动物经一定时间后，统计易感动物发病率（对猪、牛、羊等动物）或死亡率（乳鼠），计算半数动物感染量（ID_{50}）或半数动物致死量（LD_{50}）。数值精确到小数点后2位。

10.8.3 对其他动物的致病力

病毒对其他动物的致病力。

10.9 病毒含量概念

指出保存毒株的病毒含量，病毒含量的单位为Pfu/ml。

参考文献

[1] 殷震，刘景华．动物病毒学．第二版．北京：科学出版社，1997

[2] 谢庆阁．口蹄疫．北京：中国农业出版社，2004

[3] 陆承平．兽医微生物学．第三版．北京：中国农业出版社，2001

[4] 金奇等．医学分子病毒学．北京：科学出版社，2001

[5] 郭志儒．动物病毒分类新动态．中国兽医学报，2003，23：305~309

[6] 中国微生物菌种保藏管理委员会．中国菌种目录．北京：机械工业出版社，1992

[7] Acharya R，Fry E，Stuart D，*et al*. The three-dimensional structure of food-and-mouth disease virus at 2.9A resolution. Nature. 1989，337：709~716

[8] Alexandersen S. , Zhang Z. , Reid S. M. , Hutchings G. H. , Donaldson A. I. Quantities of infectious virus and viral RNA recovered from sheep and cattle experimentally infected with foot-and-mouth disease virus O UK 2001. J. Gen. Virol. 2002, 83 (8): 1 915 ~ 1 923

[9] Bergmann I. E. , Neitzert E. , Malirat V. , Ortiz S. , Colling A. , Sanchez C. & Correa Melo E. Rapid serological profiling by enzyme-linked immunosorbent assay and its use as an epidemiological indicator of foot-and-mouth disease viral activity. Arch. Virol. 2003, 148: 891 ~ 901

[10] Callahan J. D. , Brown F. , Csorio F. A. , Sur J. H. , Kramer E. , Long G. W. , Lubroth J. , Ellis S. J. , Shoulars K. S. , Gaffney K. L. , Rock D. L. & Nelson W. M. Use of a portable real-time reverse transcriptase-polymerase chain reaction assay for rapid detection of foot-and-mouth disease virus. J. Am. Vet. Med. Assoc. 2002, 220 (11): 1 636 ~ 1 642

[11] Doel T. R. & Baccarini P. J. Thermal stability of FMDV. Arch. Virol. 1981, 70: 21 ~ 32

[12] Ferris N. P. & Donaldson A. I. The World Reference Laboratory for Foot and Mouth Disease: a review of thirty-three years of activity (1958 ~ 1991). Rev. sci. tech. Off. int. Epiz. 1992, 11 (3): 657 ~ 684

[13] Goris N. & De Clercq K. Quality assurance/quality control of foot and mouth disease solid phase competition enzyme-linked immunosorbent assay – Part I. Quality assurance: development of secondary and working standards. Rev. sci. tech. Off. int. Epiz. . 2005, 24 (3), 995 ~ 1 004

[14] Hamblin C. , Barnett I. T. R. & Hedger R. S. A new enzyme-linked immunosorbent assay (ELISA) for the detection of antibodies against foot-and-mouth disease virus. I. Development and method of ELISA. J. Immunol. Methods. 1986, 93: 115 ~ 121

[15] Mackay D. K. , Bulut A. N. , Rendle T. , Davidson F. & Ferris N. P. A solid-phase competition ELISA for measuring antibody to foot-and-mouth disease virus. J. Virol. Methods. 2001, 97 (1 ~ 2): 33 ~ 48

[16] Paiba G. A. , Anderson J. , Paton D. J. , Soldan A. W. , Alexandersen S. , Corteyn M. , Wilsden G. , Hamblin P. , MacKay D. K. J. & Donaldson A. I. Validation of a foot-and-mouth disease antibody screening solid-phase competition ELISA (SPCE). J. Virol. Methods. 2004, 115: 145 ~ 158